现代建筑技术丛书

建筑节能环保技术与产品
——设计选用指南

上海现代建筑设计（集团）有限公司 主编
上海市建筑建材业市场管理总站

围护结构
室内外环境
冷热源
采暖、空调及通风设备
建筑给水排水设备、卫浴设备
建筑电气及控制、监控系统

中国建筑工业出版社

图书在版编目（CIP）数据

建筑节能环保技术与产品——设计选用指南　冷热源/上海现代建筑设计（集团）有限公司等主编. —北京：中国建筑工业出版社，2007
（现代建筑技术丛书）
ISBN 978-7-112-09760-9

Ⅰ. 建… Ⅱ. 上… Ⅲ. ①建筑—节能—指南②制冷工程—节能—指南③热力工程—节能—指南　Ⅳ. TU111.4-62

中国版本图书馆 CIP 数据核字（2007）第178949号

责任编辑：徐　纺　黄珏倩
责任设计：赵明霞
责任校对：陈晶晶　安　东

现代建筑技术丛书
建筑节能环保技术与产品——设计选用指南
冷热源

上海现代建筑设计（集团）有限公司
上海市建筑建材业市场管理总站　　主编

*

中国建筑工业出版社出版、发行（北京西郊百万庄）
各地新华书店、建筑书店经销
北京永峥排版公司制版
北京云浩印刷有限责任公司印刷

*

开本：880×1230毫米　1/16　印张：8½　字数：263千字
2008年4月第一版　2008年4月第一次印刷
印数：1—4000册　　定价：35.00元
ISBN 978-7-112-09760-9
　　（16424）

版权所有　翻印必究
如有印装质量问题，可寄本社退换
（邮政编码：100037）

编委会

主 编 单 位：上海现代建筑设计（集团）有限公司
　　　　　　上海市建筑建材业市场管理总站
编写组成员：蔡　婷　张小怀　陈青玲　张怡萍　卫　宇
专家组成员：寿炜炜　项甥中　马伟骏　杨国荣　叶祖典　何　焰　申南生　叶　倩　杜越华
顾　　　问：沈　迪　高承勇　柳亚东　陈金海　李娟娟　王宝海
审　定　人：周祖毅

支 持 单 位：上海市经济委员会节能环保处
　　　　　　上海市房屋土地资源管理局住宅产业处
　　　　　　上海市制冷学会

参 编 单 位：上海筑京现代建筑技术信息咨询有限公司（MATi）
　　　　　　上海市建筑学会
　　　　　　上海市建筑科学研究院
　　　　　　上海市绿色建筑促进会
　　　　　　开利中国有限公司

序

建筑节能，是目前全社会都在关注的问题。我国在建筑节能方面设定了两个阶段的目标：第一阶段，到 2010 年，全国新建建筑争取 1/3 以上能够达到绿色建筑和节能建筑的标准。同时，全国城镇建筑总能耗要实现节能 50%。第二阶段，到 2020 年，要通过进一步推广绿色建筑和节能建筑，使全社会建筑的总能耗能够达到节能 65% 的总目标。

上海市人民政府在建筑节能方面的推行力度有目共睹，2005 年上海所有的新建（在建）住宅全部按照新的节能标准设计、建造。同时，2005 年 6 月 13 日上海市政府发布了第 50 号令《上海市建筑节能管理办法》，明确规定了设计单位、施工单位、监理单位、建设单位的责任以及新建、改建、扩建工程按照建筑节能标准执行的要求。

然而，建筑节能技术真正的推行需要设计师、建设单位以及施工单位的共同重视与努力，尤其是建筑设计师，在了解和应用节能技术与产品方面应走在前列。

让我感到欣喜的是：

由上海现代建筑设计（集团）有限公司、上海市建筑建材业市场管理总站主编的《建筑节能环保技术与产品——设计选用指南》一书，正是一本内容全面的设计师实用手册。它为建筑行业的专业技术人员、房地产商提供一个了解建筑节能技术、建筑节能与环保产品的途径。

我希望这本书的出版可以为建筑行业的节能工作带来促进作用，从建筑设计、施工到选材，都融入节能环保的理念，为国家建筑节能政策的推行出一份力。

上海市建设和交通委员会副主任　孙建平
2006 年 6 月

编写说明

随着我国资源供需矛盾和环境压力的加剧，政府提出建设节约型社会，大力发展节能省地型建筑，推广和普及具有节能、节地、节材和环境保障效益的先进技术和适用技术。早在 2000 年，建设部就发布了第 76 号令《民用建筑节能管理规定》，其后，又相继发布了一系列节能政策、规定及节能设计规范。而 2005 年建设部发布的《公共建筑节能设计规范》，将建筑节能又提升到了一个新的高度，意味着节能技术将在建筑领域的更大范围内推行。

为了更好地配合、方便设计师及业内人士按照国家及地方标准、规范、规程进行节能设计、施工，我们编写了《建筑节能环保技术与产品——设计选用指南》一书，本书的目的是：把科研机构和国内外节能建筑材料、设备供应商的研究成果加以整合，探讨技术的应用性和对材料及设备的要求，以期为设计师及整个行业提供技术资料和选材参考。本书中收集了目前较为成熟或具有较大发展潜力的节能新材料、新技术，并选择了行业内具有一定代表性的供应商的产品做插页介绍，以便设计师及业内人士在项目选材时查阅、参考。

本书的编写依据是：国家及地方节能设计标准、规范、规程中涉及到的相关技术及产品，前沿技术的介绍以国内外研究机构的研究资料或成果为主要依据。

本书主要适用于新建住宅建筑、公共建筑工程的节能设计，旧房改造工程也可参照。由于我国地域和气候的差异，本书中所提到的建筑节能技术与产品主要以上海及夏热冬冷地区为主，在上海推广的体系或产品，外省市可部分借鉴，涉及的节能指标符合国家提出的 50% 的节能目标。对其他气候分区的节能标准和节能技术只做一些简要的介绍。

全书共有六个分册，分别为《围护结构》、《室内外环境》、《冷热源》、《采暖、空调及通风设备》、《建筑给水排水设备、卫浴设备》、《建筑电气及控制、监控系统》，将分期出版。书中各产品（体系）的介绍内容包括：产品简介、分类及适用范围、规格及主要技术参数、设计选用要点、施工要点等，并列出设计依据或产品选用标准的名称。

本书的编写得到了上海市多位节能专家、行业协会及相关企业的支持和帮助，在此表示衷心的感谢。但由于时间和篇幅有限，不足之处，请不吝指正。欢迎大家对本书内容提出宝贵意见，我们将收集反馈意见、建议，再版时统一修正。

编写组
2006 年 6 月

序

编写说明

1 电动蒸气压缩式冷水机组 ... 001
1.1 概述 ... 001
1.2 分类及特点 ... 001
1.2.1 离心式冷水机组 ... 001
1.2.2 螺杆式冷水机组 ... 002
1.3 相关标准、规范摘要及分析 ... 004
1.3.1 标准规范目录 ... 004
1.3.2 节能标准规范摘要分析 ... 004
1.4 设计选用要点 ... 007

2 热泵机组 ... 009
2.1 概述 ... 009
2.2 分类及特点 ... 009
2.2.1 空气源热泵机组 ... 009
2.2.2 水源热泵 ... 010
2.3 相关标准、规范摘要及分析 ... 010
2.3.1 标准、规范目录 ... 010
2.3.2 节能标准、规范摘要及分析 ... 011
2.4 设计选用要点 ... 014
2.4.1 空气源热泵机组 ... 014
2.4.2 水源热泵机组 ... 015

3 溴化锂吸收式机组 ... 017
3.1 概述 ... 017
3.2 分类及特点 ... 017
3.2.1 溴化锂吸收式制冷机组分类 ... 017

018	3.2.2	溴化锂吸收式制冷机组特点介绍
018	**3.3**	**相关标准、规范摘要及分析**
018	3.3.1	标准规范目录
018	3.3.2	节能标准规范摘要分析
021	**3.4**	**设计选用要点**
021	3.4.1	影响溴化锂吸收式机组性能因素分析
023	3.4.2	设计选用注意事项
024	**4**	**锅炉**
024	**4.1**	**概述**
024	**4.2**	**分类及特点**
025	**4.3**	**相关标准、规范摘要及分析**
025	4.3.1	标准、规范目录
025	4.3.2	节能标准规范摘要及分析
026	**4.4**	**设计选用要点**
026	4.4.1	锅炉形式的选择
026	4.4.2	单台容量及台数的选择
026	4.4.3	锅炉额定热效率选定
026	4.4.4	供热介质的选择
026	4.4.5	鼓引风机的选择
026	4.4.6	排烟温度的设定
026	4.4.7	排烟噪声的设定
027	4.4.8	蒸汽凝结水的回收利用
028	**5**	**蓄冷空调系统及设备**
028	**5.1**	**概述**
028	**5.2**	**分类**
028	5.2.1	蓄冷方式分类
028	5.2.2	蓄冷剂及载冷剂分类
029	5.2.3	蓄冷模式分类

030	5.3	系统及设备特点
030	5.3.1	水蓄冷空调系统
031	5.3.2	冰蓄冷空调系统
035	5.4	相关标准、规范摘要及分析
035	5.4.1	标准规范目录
035	5.4.2	标准、规范摘要及分析
036	5.5	水蓄冷空调系统设计及设备选用
036	5.5.1	蓄冷水池的确定
037	5.5.2	冷水机组的确定
037	5.5.3	水蓄冷系统设备配置形式
038	5.6	冰蓄冷空调系统设计及设备选用
038	5.6.1	制冷机选择
038	5.6.2	蓄冰装置选择
038	5.6.3	容量计算
040	5.6.4	冰蓄冷空调系统设备配置方式选择
040	5.7	工程实例
040	5.7.1	上海科技城冰蓄冷系统介绍
041	5.7.2	北京国际贸易中心二期冰蓄冷工程简介
044	6	蓄热系统及设备
044	6.1	概述
044	6.2	分类及特点
044	6.2.1	按照热源形式划分的蓄热系统
045	6.2.2	按照蓄热介质划分的蓄热系统
045	6.2.3	按照用热系统划分的蓄热系统
045	6.2.4	电加热水蓄热系统及设备
047	6.3	标准规范摘要及分析
048	6.4	设计选用要点（电加热水蓄热系统）
048	6.4.1	逐时热负荷的计算
048	6.4.2	蓄热模式选择

048	6.4.3	电热锅炉的选用
049	6.4.4	蓄热装置的选用
049	6.4.5	换热器的选用
049	6.4.6	水泵的选用

050	**7**	**建筑热电（冷）联产系统及设备**
050	**7.1**	**概述**
050	**7.2**	**系统组成及特点**
050	7.2.1	动力系统（发电）
051	7.2.2	热利用系统（供热）
051	7.2.3	制冷系统（制冷）
052	**7.3**	**有关热电（冷）联产的相关政策、规定**
052	**7.4**	**设计选用要点**
053	**7.5**	**典型项目**

055	**8**	**综合案例分析**
055	**8.1**	**电制冷与溴化锂机组组合应用**
055	8.1.1	工程概况
055	8.1.2	系统特点
056	**8.2**	**离心式与螺杆式冷水机组组合的应用，变频与定频离心式冷水机组组合应用**
056	8.2.1	工程概况
056	8.2.2	系统特点
057	**8.3**	**高效离心式冷水机组的热回收应用**
057	8.3.1	工程概况
058	8.3.2	系统特点
058	**8.4**	**水源热泵地表水系统应用**
058	8.4.1	工程概况
058	8.4.2	系统特点
061		**产品技术资料检索**

090	企业名录及联系方式
095	附录A　建筑节能相关标准
097	附录B　建设事业"十一五"推广应用和限制禁止技术（推广应用技术部分）
119	附录C　建设事业"十一五"推广应用和限制禁止使用技术（限制使用技术部分）
123	附录D　建设事业"十一五"推广应用和限制禁止使用技术（禁止使用技术部分）

1 电动蒸气压缩式冷水机组

1.1 概　述

电动蒸气压缩式冷水机组的工作原理是利用工质相变时产生的潜热,通过压缩、冷凝、节流、蒸发四个过程的封闭循环实现制冷。按所用压缩机种类不同,电动蒸气压缩式冷水机组主要可分为离心式、螺杆式、往复式和涡旋式。离心式和螺杆式冷水机组容量较大,一般应用在大、中型建筑中,小型建筑则主要采用往复式和涡旋式冷水机组。由于往复式冷水机组的能效比较低,目前使用较少。

1.2 分类及特点

1.2.1 离心式冷水机组

离心式冷水机组按所配置的压缩机、能量调节方式、节流装置、蒸发器、冷凝器的不同,有不同的类别,它们的特征及优缺点见表 1-1。

表 1-1　离心式冷水机组的类别及特点

分类依据	类别	特　征	优　点	缺　点
压缩机	单级压缩	单个叶轮,一般通过齿轮传动增速,叶轮转速高	压缩机体积较小,制造成本低	压缩机提供的压差较小,性能系数较低,变工况调节性能较差,只能调节到30%左右,易发生喘振
	多级压缩	多个叶轮固定在轴上,对制冷剂提速、增压。以电机直接驱动的二、三级压缩机较为常见,二级压缩机叶轮的转速较高,三级压缩机叶轮的转速相对较低	压缩机提供的压差较大,性能系数较高,变工况调节性能较好,负荷调节范围大,能调节到10%左右	压缩机体积较大,制造成本高
	开启式	压缩机的转子轴伸出机体,通过联轴器与电机轴相连。压缩机内安装轴封,防止制冷剂与润滑油通过齿轮轴与机体的间隙泄漏。电机通常采用空气冷却,对于有特殊要求的场合也可选用水冷却的电机	电机便于维修。由于电机外置,与制冷剂没有接触,因此当电机出现故障时无须拆卸压缩机便可修理或更换电机。可采用多种动力驱动方式,如蒸汽透平、燃气发动机等驱动装置	噪声与振动较大。要求机房内相对清洁,防止电机滤网堵塞。维护保养工作量较大,须定期更换轴封,避免制冷剂与润滑油泄漏
	封闭式	电机被密封在压缩机的机体内,电机通过制冷剂冷却	结构紧凑,振动和噪声较小。制冷剂与润滑油不存在泄漏,维护保养工作量较少	电机维修不方便。电机不是易损件。封闭式压缩机电机的故障率只有1%左右

1

续表

分类依据	类别	特征	优点	缺点
能量调节方式	导流叶片调节	通过改变制冷剂气体进入叶轮的方向以及制冷剂气体流量来调节压缩机的容量	简便有效	单级压缩机一般可调节到30%~40%,易发生喘振
	热气旁通调节	部分负荷时,部分制冷剂气体从冷凝器旁通到压缩机的吸气口,维持一定流量的制冷剂进入压缩机	压缩机可在10%左右负荷时平稳运行,有效避免压缩机发生喘振现象	部分负荷时耗电量大,部分制冷剂气体在压缩机内压缩耗功而不制冷
	变频调节	部分负荷时,通过改变电机供电频率,使压缩机的转速下降	当压缩机转速降低时,压缩机能耗会下降较多,从而获得部分负荷节能效果	因变频器耗能,满负荷时变频机组的耗能较大。变频机组价格较高
节流装置	孔板调节	孔板节流,调节流量	结构简单,不易损坏;三级孔板流量调节范围较大	单级孔板流量调节范围较小
	线性浮球阀	根据浮球阀的开度,调节流量,控制液位	调节灵活	有运动部件,可靠性较差,有被混入液体中的杂质卡住的可能性
蒸发器	干式	来自膨胀阀的制冷剂从管程的一端进入蒸发器,吸热气化,在到达管程的另一端时全部气化	与满液蒸发器相比,制冷剂充注量少,回油方便,冷量损失较小,可减少冻结的危险性	受管内润湿程度影响,传热系数较小
	再循环式	来自蒸发管的两相混合物进入分离器,分离出蒸气和液体。蒸气被吸入压缩机,液体再次进入蒸发管中蒸发	与干式蒸发器相比,其蒸发管内壁完全湿润,换热系数较高	体积大,制冷剂充注量多
	满液式	制冷剂液体从蒸发器底部进入,换热后变为气体,从蒸发器的顶部被吸入压缩机	与干式蒸发器相比,换热效率高,可实现制冷剂"零过热",提高蒸发器的利用效率	制冷剂充注量多
冷凝器	空气冷却式	制冷剂在管内冷凝,空气在管外流动。制冷剂放出的热量被空气带走	适用于干旱缺水或水质低劣的地区;通常用于制冷量较小的机组	制造工艺较复杂;换热系数低;金属材料用量大;冷凝压力、温度高
	水冷却式	制冷剂在管内冷凝,水在管外流动。制冷剂放出的热量被冷却水带走	制造工艺简单;换热效果好	耗水量较大;如用循环水,则需设冷却塔;金属材料用量少
	蒸发式	制冷剂在管内凝结放出的热量传到管外,通过水的蒸发将热量传递给空气	耗水量较小,风量不大;通常安装在屋顶上,不占使用面积;换热效果好,冷凝压力、温度低	制造工艺较复杂

1.2.2 螺杆式冷水机组

螺杆式冷水机组依所配置的压缩机、能量调节方式、节流装置、蒸发器、冷凝器及控制技术的不同,有不同的类别,它们的特征及优缺点见表1-2。

表 1-2 螺杆式冷水机组的类别及特点

分类依据	类别	特 征	优 点	缺 点
压缩机	双螺杆压缩	电机直接驱动压缩机的阳转子,阳转子带动阴转子转动,阴阳转子相互啮合旋转,实现对制冷剂气体压缩,通常采用滑阀调节能量	具有较高的机械可靠性和优良的动力平衡性,操作及维修方便,活动部件和零部件数量少,维修工作量小	转子及轴承受径向力较大
	单螺杆	由一个螺杆转子和一个或两个与螺杆转子垂直的行星齿轮、能量调节机构及轴承组成 能量调节机构主要有滑阀式、转动环式与薄膜式三种	径向力得到平衡,振动小,噪声低,维修方便。使用寿命及效率与双螺杆类似,活动部件和零部件数量少,运行可靠性高,维修工作量小	单螺杆压缩机有三个旋转轴,而且螺杆和行星齿轮的刚性相差较大,运动中易变形
	开启式	压缩机的转子轴伸出机体,通过联轴器与电机轴相连。压缩机内安装轴封,防止制冷剂与润滑油通过齿轮轴与机体的间隙泄漏。电机通常采用空气冷却,对于有特殊要求的场合也可选用水冷却	压缩机与电机分离,使压缩机适用范围更广,便于维修;同一压缩机可适应不同的制冷剂,除了卤代烃制冷剂外,更换部分零件后还可采用氨制冷剂;可根据不同的制冷剂和使用工况,配用不同容量的电机	噪声较大;要求机房内相对清洁,防止电机滤网堵塞。维护保养工作量较大,需定期更换轴封,避免制冷剂与润滑油泄漏。油循环系统复杂,需配置单独油分离器、油冷却器等体积庞大的复杂设备
	封闭式	电机被密封在压缩机的机体内,不需要设计与安装轴封 电机通过液体制冷剂冷却	电机效率高,寿命长;结构紧凑,振动和噪声较小;无轴封,不存在制冷剂与润滑油泄漏的危险,维护保养工作量小,油循环系统大大简化;机组体形小	电机维修不方便。但电机不是易损件,封闭式压缩机电机的故障率只有1%左右
机头	单机头	制冷量范围在 120~1300kW,主要应用在负载较为稳定,机组常年运行的场合	结构简单	启动电流大,能调范围较小,部分负荷运行的效率低
	多机头	制冷量范围为 240~1500kW;虽然多台压缩机并联运行采用单一回路,可显著提高部分负荷下的COP,但容易出现回油不均问题。因此有的机组采用更安全的多机头多回路方式	可根据负载需要调节压缩机运行台数,有部分备用机头的功能;压缩机逐台启动,机组启动电流较小,部分负荷运行时的性能系数高	价格高,一般只适用于半封闭和全封闭式压缩机
节流装置	孔板调节	孔板节流,调节流量	结构简单,不易损坏。通常应用于满液蒸发器	部分负荷与变工况时调节能力较差
	热力膨胀阀	通过气态制冷剂过热度调节制冷剂流量,避免过量供液	成本较低、价格便宜。通常应用于干式蒸发器	控制精度较差,故障多
	电子膨胀阀	步进电机带动阀杆,通过扩大或缩小制冷剂阀口来完成控制流量过程	控制灵活,精度高,适应工况范围广	成本较高

续表

分类依据	类别	特征	优点	缺点
蒸发器	干式	来自膨胀阀的制冷剂从管程的一端进入蒸发器,吸热气化,并在到达管程的另一端时全部气化	与满液蒸发器相比,制冷剂充注量少,回油方便,冷量损失较小,可减缓冻结的危险	受管内润湿程度的影响,传热系数较低
	再循环式	来自蒸发管的两相混合物进入分离器,分离出蒸气和液体。蒸气被吸入压缩机,液体再次进入蒸发管中蒸发	与干式蒸发器相比,蒸发管内壁完全湿润,换热系数较高	体积大,制冷剂充注量多
	满液式	制冷剂液体从蒸发器底部进入,换热后变为气体,从蒸发器顶部被吸入压缩机	与干式蒸发器相比,换热效率较高,可实现制冷剂"零过热",提高蒸发器的利用效率	制冷剂充注量多
冷凝器	空气冷却式	制冷剂在管内冷凝,空气在管外流动。制冷剂放出的热量被空气带走	适用于干旱缺水或水质低劣的地区;通常用于制冷量较小的机组,系统简单,无水滴水雾产生之虑	制造工艺复杂,换热系数低,金属材料用量大,冷凝压力、温度高
	水冷却式	制冷剂在管内冷凝,水在管外流动。制冷剂放出的热量被冷却水带走	制造工艺简单,换热效果好,冷凝压力、温度相对较低	耗水量较大,如用循环水,则须设冷却塔
	蒸发式	制冷剂在管内凝结放出的热量传到管外,通过水的蒸发将热量传递给空气	耗水量少,风量不大;通常安装在屋顶上,不占使用面积	制造工艺复杂

1.3 相关标准、规范摘要及分析

1.3.1 标准规范目录

（1）活塞式单级制冷机组及其供冷系统节能监测方法 GB/T 15912—1995

（2）蒸气压缩循环冷水（热泵）机组用户和类似用途的冷水（热泵）机组 GB/T 18430.2—2001

（3）采暖通风与空气调节设计规范 GB 50019—2003

（4）冷水机组能效限定值及能源效率等级 GB 19577—2004

（5）单元式空气调节机组能效限定值及能源效率等级 GB19576—2004

（6）公共建筑节能设计标准（上海）DGJ08—107—2004

（7）公共建筑节能设计标准 GB50189—2005

1.3.2 节能标准规范摘要分析

1.3.2.1 《采暖通风与空气调节设计规范》GB 50019—2003 第 7 章第 2 节"电动压缩式冷水机组"中对冷水机组的选型、机组性能系数等都做了规定,其内容如下:

(1) 水冷电动压缩式冷水机组的机型,宜按表1-3内的制冷量范围,经过性能价格比较进行选择。

(2) 水冷、风冷式冷水机组的选型,应采用名义工况制冷性能系数(COP)较高的产品。制冷性能系数(COP)应同时考虑满负荷与部分负荷因素。

(3) 在有工艺用氨制冷的冷库和工业建筑,其空气调节系统采用氨制冷机房提供冷源时,必须符合下列条件:

1) 采用水/空气间接供冷方式,不得采用氨直接膨胀空气冷却器的送风系统;

2) 制冷机房及管路系统设计应符合国家现行标准《冷库设计规范》(GB 50072)的规定。

(4) 采用氨冷水机组提供冷源时,应符合下列条件:

1) 氨制冷机房单独设置且远离建筑群;

2) 采用安全性、密封性能良好的整体式氨冷水机组;

3) 氨冷水机排氨口排气管,其出口应高于周围50m范围内最高建筑物屋脊5m;

4) 设置紧急泄氨装置,当发生事故时,能将机组氨液排入水池或下水道。

1.3.2.2 《冷水机组能效限定值及能源效率等级》GB19577—2004第4节"能源效率限定值"中对机组的性能系数及能源效率等级判定做了如下规定:

(1) 机组的性能系数实测值应大于表1-4中的规定值

表1-3 水冷式冷水机组选型范围

单机名义工况制冷量(kW)	冷水机组机型
≤116	往复式、涡旋式
116~700	往复式
	螺杆式
700~1054	螺杆式
1054~1758	螺杆式
	离心式
≥1758	离心式

注:名义工况指出水温度7℃,冷却水温度30℃。

表1-4 能源效率限定值

类 型	额定制冷量(CC)/kW	性能系数
风冷式或蒸发冷却式	CC≤50	2.40
	50<CC	2.60
水冷式	CC≤528	3.80
	528<CC≤1163	4.00
	1163<CC	4.20

(2) 能源效率等级判定方法

产品的性能系数测试值和标注值应不小于表1-5中额定能源效率等级所对应的指标规定值。

表1-5 能源效率等级指标

类 型	额定制冷量(CC)kW	能效等级(COP)(W/W)				
		1	2	3	4	5
风冷式或蒸发冷却式	CC≤50	3.20	3.00	2.80	2.60	2.40
	50<CC	3.40	3.20	3.00	2.80	2.60
水冷式	CC≤528	5.00	4.70	4.40	4.10	3.80
	528<CC≤1163	5.50	5.10	4.70	4.30	4.00
	1163<CC	6.10	5.60	5.10	4.60	4.20

说明:

根据我国能效标识管理办法和消费者调查结果,建议依能效等级的大小,将产品分为1、2、3、4、5五个等级。能效等级的含义分别为:1等级是企业努力的目标;2等级代表节能产品的门槛(根据最小寿命周期成本确定),即达到第2级表示为节能产品;3,4等级代表我国的平均水平;5等级产品是未来淘汰的产品。

1.3.2.3 《公共建筑节能设计标准》(上海) DGJ08-107-2004 中"4.3 设备配置和选择"中对冷热源设备的选择、机组的性能要求等都做了规定，其内容如下：

(1) 冷、热源设备的选择，应满足空调负荷变化规律及部分负荷运行的要求，一般不少于2台。有条件时，经过技术经济比较，可采用多种能源配置。

(2) 选用的冷水机组应满足表1-6中所规定的性能要求，并考虑部分负荷性能。

表1-6 蒸气压缩循环冷水（热泵）机组名义工况的性能系数

压缩机类型		机组制冷量(kW)	制冷性能系数(COP)
往复活塞式	水冷式	50~116	≥3.70
		>116	≥3.80
	风冷和蒸发冷却式	50~116	≥2.48
		>116	≥2.70
涡旋式	水冷式	50~116	≥3.55
		>116	≥3.65
	风冷和蒸发冷却式	50~116	≥2.90
		>116	≥3.00
螺杆式	水冷式	≤116	≥4.00
		116~230	≥4.40
		>230	≥4.50
	风冷和蒸发冷却式	≤116	≥2.50
		116~230	≥2.70
		>230	≥2.90
离心式	水冷式	≤527	≥4.80
		527~1163	≥5.00
		>1163	≥5.20

1.3.2.4 《公共建筑节能设计标准》GB50189—2005 第5章"采暖、通风和空气调节节能设计"第4节"空气调节与采暖系统的冷热源"中规定：

(1) 电机驱动压缩机的蒸气压缩循环冷水（热泵）机组，在额定制冷工况和规定条件下，性能系数（COP）不应低于表1-7的规定。

(2) 蒸气压缩循环冷水（热泵）机组的综合部分负荷性能系数（IPLV）不低于表1-8的规定。

(3) 水冷式电动蒸气压缩循环冷水（热泵）机组的综合部分负荷性能系数（IPLV）是建筑节能设计的一项推荐性技术指标，计算方式如下：

$$IPLV = 2.3\% \times A + 41.5\% \times B + 46.1\% \times C + 10.1\% \times D$$

式中 A——100%负荷时的性能系数（W/W），冷却水进水温度30℃；

B——75%负荷时的性能系数（W/W），冷却水进水温度26℃；

C——50%负荷时的性能系数（W/W），冷却水进水温度23℃；

D——25%负荷时的性能系数（W/W），冷却水进水温度19℃。

1 电动蒸气压缩式冷水机组

表 1-7 冷水（热泵）机组名义工况的制冷性能系数

类型		额定制冷量(kW)	性能系数(W/W)
水冷	活塞式/涡旋式	<528	3.8
		528~1163	4.0
		>1163	4.2
	螺杆式	<528	4.10
		528~1163	4.30
		>1163	4.60
	离心式	<528	4.40
		528~1163	4.70
		>1163	5.10
风冷或蒸发冷却	活塞式/涡旋式	≤50	2.4
		>50	2.6
	螺杆式	≤50	2.6
		>50	2.8

表 1-8 冷水（热泵）机组综合部分负荷性能系数

类型		额定制冷量(kW)	性能系数(W/W)
水冷	螺杆式	<528	4.47
		528~1163	4.81
		>1163	5.13
	离心式	<528	4.49
		528~1163	4.88
		>1163	5.42

注：IPLV 值是基于单台主机运行工况

1.4 设计选用要点

（1）单机容量与台数选择。

单机容量与台数的选择应根据建筑冷负荷及其分布特点确定。通常根据设计日逐时负荷曲线与年逐月负荷曲线图初定单机容量与台数。所选冷水机组的单机容量与台数应能适应空气调节负荷全年变化规律，并满足部分负荷要求。额定制冷工况下机组性能系数（COP）不应低于表 1-7 中的规定值；综合部分负荷性能系数（IPLV）不宜低于表 1-8 中的规定值。当空调冷负荷大于 528kW 时，不宜少于 2 台机组，大型工程所选机组台数也不宜过多。

（2）空调冷水的供、回水温差不应小于 5℃，当采用大温差空调水系统时，所选用的冷水机组应能在较大的蒸发温度和冷凝温度范围内高效、可靠地运行。

（3）为了能依据系统负荷的变化，使冷水机组在部分负荷时能高效运行，可选用变频转速控制式冷水机组。

（4）对于同时需供冷和供暖或供热的建筑，当经过技术经济比较并确认合理时，可选用热回收型冷水机组，通过回收利用冷凝废热，达到节能的目的。

（5）冷水机组配用电机工作电压。

1）电机电压应按下列要求确定：

①配用电机功率大于 1600kW 时，应采用 10kV 的电压供电；

②配用电机功率在 500~1600kW 范围内时，一般采用 6kV 或 10kV 的电压供电；

③低压电机的功率，原则上不超过 500kW。

2）高压电机的设计选用，需根据供电条件作技术经济比较，并需取得冷水机组生产厂家确认。

3）冷水机组配用电机的启动方式：大多数冷水机组配用电机采用笼型异步电机。笼型异步电机的启动方式及特点见表 1-9。

表 1-9 笼型异步电机的启动方式及特点

分类方式		特　征	优　点	缺　点
全压启动		以额定电压接入电机的定子绕组的启动方式称为直接启动	启动力矩大、时间短、设备简单、投资低、操作方便、易于维护	启动电流大，对电网冲击较大，会引起配电系统电压显著下降
降压启动	星/三角形启动	先将电机的定子绕组接成星形，待电机转速稳定后，再转成三角形进入正常运行	启动电流小，对电网冲击小，能频繁启动，价格便宜，应用较广	启动力矩较小
	自耦变压器降压启动	将自耦变压器的原边接入供电电源，副边（即原边的一部分）接到电机定子绕组上，待电机启动到转速基本稳定时，切除自耦变压器，将电机的定子绕组直接接入供电电源，进入额定运转状态	启动电流小，力矩大，应用较广	不能频繁启动，价格较高，需增加一套启动设备
	变频启动	采用逐步提高电机定子绕组的供电频率来提高电机速度，减小电机的启动电流	启动电流小，力矩大，对设备、电网冲击较小	价格较高

2 热泵机组

2.1 概述

按照新国际制冷辞典的定义,热泵就是以冷凝器放出的热量来供暖或供热的制冷机组。从热力学或工作原理上说热泵就是制冷机。这种装置运行时高温侧(冷凝器)输出用作供暖或供热,而低温侧(蒸发器)吸热用作供冷。

2.2 分类及特点

热泵机组按其冷热源形式主要分空气源热泵机组和水源热泵机组,见表2-1。

表2-1 热泵机组的分类

类别	定义描述	分类	特点
空气源热泵机组	以室外空气为低位热源的热泵,制热时,从室外空气中吸收热量,经冷凝器放出热量供用;制冷时则利用室外空气进行冷却排热	通常有空气/空气热泵机组、空气/水热泵机组等形式	优点:系统简单,初投资较省,主机置于户外,不占机房面积; 缺点:受气候条件影响,适用地区受限;低温环境运行时因除霜影响机组效率,体积较大
水源热泵机组	以水为低温热源和热汇的热泵机组	按照冷(热)源类型不同分为水环式热泵机组、地表水(河水、湖水、活水等)水源热泵、地下水水源热泵、地下埋管式土壤源热泵;按照使用侧换热设备形式分水/空气热风型热泵机组和水/水冷热水型热泵机组	优点:节能环保,运行稳定,控制简单,一机多用,结构紧凑,传热性能好; 缺点:受水源及水层地理条件限制,水质要求高;地下水回灌技术实施受地方法规制约

2.2.1 空气源热泵机组

空气源热泵通常有空气-空气热泵和空气-水热泵之分。空气-空气热泵机组有整体式或分体式家用及商用空调、多联式机组等;空气-水热泵机组即通常所说的空气源热泵冷(热)水机组。

2.2.2 水源热泵

2.2.2.1 水环式水源热泵

这是一种利用有限容积环路循环水体作为热源和热汇的热泵机组，其水源由配备闭式冷却塔和辅助加热装置的循环水系统供给。夏季大部分或全部机组按制冷方式运行，房间余热经热泵传递给循环水，通过冷却塔散至大气；过渡季节，由于房间所处的位置（朝向、内外区）不同，部分热泵按制冷方式运行，另一部分热泵按制热方式运行，制冷运行热泵的排热，与制热运行热泵的排冷互抵，冷却塔和加热装置在一定的水温区间（15～30℃）不工作；冬季运行时，这种系统在同时有冷热工况运行时，能减少冷热源费用，大部分热泵按制热工况运行，只有内区按供冷工况运行，冷却水温低于15℃时，需启动辅助加热装置。

2.2.2.2 地表水水源热泵

地表水水源热泵，是以地表水（如河流、湖泊、海洋、池塘、污水）作为热泵的热源。由于地表水受大气温度影响大，只要其全年水温波动范围大致不超过10～30℃，则其作为热泵热源的温度条件即可符合要求。另外，水质也是不容忽视的条件。一般来说，对于不符合水质要求的水源可以采取必要的水处理措施，这显然需要花费相应的代价。

2.2.2.3 地下水源热泵

地下水源热泵，是以直接抽取的地下水作为热源的一种热泵。由于距离地表一定深度下的水温常年几乎恒定，只要水量充足，当然是一种十分好的热源。但由于开采地下水会引起地面下沉、地下水污染等严重环境灾害，所以，在我国很多地方都有相关法令，严格限制或禁止开采地下水资源。《采暖通风空调设计规范》规定，如用地下水作热源，必须回灌，而且不得有污染。同时，必须得到有关部门的批准。

2.2.2.4 地下埋管土壤源热泵

地下埋管土壤源热泵，是以地下土壤作为热源的一种热泵。其原理是利用循环于地下埋管的水通过管壁与周围土壤进行热交换，冬季从中获取热量，夏季向其中排放热量。按照地下埋管换热装置的埋置方式不同，分为水平地下埋管和竖直地下埋管两种形式。

通常把2.2.2.3和2.2.2.4两种形式的热泵通称为地源热泵。

2.3 相关标准、规范摘要及分析

2.3.1 标准、规范目录

(1) 夏热冬冷地区居住建筑节能设计标准 JGJ134—2001
(2) 采暖通风与空气调节设计规范 GB50019—2003
(3) 水源热泵机组 GB/T19409—2003
(4) 冷水机组能效限定及能源效率等级 GB19577—2004

(5) 单元式空气调节机能效限定及能源效率等级 GB19576—2004
(6) 公共建筑节能设计标准 GB 50189—2005
(7) 地源热泵系统工程技术规范 GB50366—2005

2.3.2 节能标准、规范摘要及分析

(1)《夏热冬冷地区居住建筑节能设计标准》JGJ134-2001 第6章"采暖、空调和通风节能设计"中规定：

1) 居住建筑进行夏季空调制冷、冬季采暖时，宜采用电驱动的热泵型空调器（机组），或燃气（油）、蒸汽或热水驱动的吸收式冷（热）水机组，或采用低温地板辐射采暖方式，或采用燃气（油、其他燃料）的采暖炉采暖等。

2) 具备有地面水资源（如江河、湖水等），有适合水源热泵运行温度的废水等水源条件时，居住建筑采暖、空调设备宜采用水源热泵。当采用地下井水为水源时，应确保有回灌措施，确保水源不被污染，并应符合当地有关规定；具备可供地源热泵机组埋管用的土壤面积时，宜采用埋管式地源热泵。

表2-2 机组正常工作的冷（热）源温度范围（℃）

机组形式	制冷	制热
水环式机组	20~40	15~30
地下水式机组	10~25	10~25
地下环路式机组	10~40	-5~25

(2)《水源热泵机组》GB/T19409-2003 中规定：

水源热泵机组按照使用侧换热设备的形式分为冷热风型和冷热水型水源热泵机组；按冷（热）源类型分为水环式水源热泵机组、地下水式水源热泵机组和地下环路式水源热泵机组。其中对机组冷（热）源温度、机组性能要求、噪声、能效比等也做了相应规定，具体内容如下：

1) 机组正常工作的冷（热）源温度范围，见表2-2
2) 机组的性能要求，见表2-3

表2-3 水源热泵机组性能要求

分类	要求
制冷系统密封试验	制冷系统各部分不应有制冷剂泄漏
制冷量	不小于名义制冷量的95%
制冷消耗功率	实测消耗功率不应大于名义制冷消耗功率的110%
热泵制热量	不应小于名义制热量的95%
热泵消耗功率	实测消耗功率不应大于名义制热消耗功率的110%
风量	冷热风型机组的实测风量不应小于名义风量的95%

3) 机组的噪声指标，见表2-4、表2-5

表2-4 冷热风型机组的噪声限值

名义制冷量 Q(W)	噪声限值[dB(A)]				
	整体式		分体式		
			使用侧		
	带风管型	不带风管型	带风管型	不带风管型	热源侧
Q≤4500	55	53	48	46	48
4500 < Q≤7100	58	56	53	51	53
7100 < Q≤14000	64	62	60	58	58
14000 < Q≤28000	68	66	66	64	63
14000 < Q≤50000	70	68	68	66	67
50000 < Q≤80000	74	72	71	69	72
80000 < Q≤100000	77	75	73	71	74
100000 < Q≤150000	79	—	76	—	77
Q > 150000	—	—	—	—	—

表2-5 冷热水型机组噪声限值

名义制冷量	噪声限值[dB(A)]
Q≤4500	48
4500 < Q≤7100	53
7100 < Q≤14000	58
14000 < Q≤28000	63
14000 < Q≤50000	67
50000 < Q≤80000	72
80000 < Q≤100000	74
100000 < Q≤150000	77
Q > 150000	—

4）机组能效比（EER）、性能系数（COP），见表2-6、表2-7

表2-6 冷热风型机组制冷能效比（EER）、制热性能系数（COP）

名义制冷量 Q(W)	EEP			COP		
	水环式	地下水式	地下环路式	水环式	地下水式	地下环路式
Q≤14000	3.2	4.0	3.9	3.5	3.1	2.65
14000 < Q≤28000	3.25	4.05	3.95	3.35	3.15	2.7
14000 < Q≤50000	3.3	4.10	4.0	3.6	3.2	2.75
50000 < Q≤80000	3.35	4.15	4.05	3.65	3.25	2.8
80000 < Q≤100000	3.4	4.20	4.1	3.7	3.3	2.85
Q > 100000	3.45	4.25	4.15	3.75	3.35	2.9

表2-7 冷热水型机组制冷能效比（EER）、制热性能系数（COP）

名义制冷量 Q(W)	EEP			COP		
	水环式	地下水式	地下环路式	水环式	地下水式	地下环路式
Q≤14000	3.4	4.25	4.1	3.7	3.25	2.8
14000 < Q≤28000	3.45	4.3	4.15	3.75	3.3	2.85
14000 < Q≤50000	3.5	4.35	4.2	3.8	3.35	2.9
50000 < Q≤80000	3.55	4.4	4.25	3.85	3.4	2.95
80000 < Q≤100000	3.6	4.45	4.3	3.9	3.45	3.0
100000 < Q≤150000	3.65	4.5	4.35	3.95	3.5	3.05
150000 < Q≤230000	3.75	4.55	4.4	4.0	3.55	3.1
Q > 230000	3.85	4.6	4.45	4.05	3.6	3.15

（3）《采暖通风与空气调节设计规范》GB50019—2003 第7章"空气调节冷热源"第3节"热泵"中对空气源热泵、水源热泵和地源热泵等有以下规定：

1）空气源热泵

①机组名义工况制冷、制热性能系数（COP）应高于国家现行标准；

②具有先进可靠的融霜控制，融霜所需时间总和不应超过运行周期时间的20%；

③应避免对周围建筑物产生噪声干扰，符合国家现行标准《城市区域环境噪声标准》（GB3096-82）的要求；

④在冬季寒冷、潮湿的地区，需连续运行或对室内温度稳定性有要求的空气调节系统，应按照当地平衡点温度确定辅助加热装置的容量。

2）水源热泵

水源热泵机组采用地下水、地表水时，应符合以下原则：

①机组所需水源的总水量应按照冷（热）负荷、水源温度、机组和板式换热器性能综合确定；

②水源供水应充足稳定，满足所选机组供冷、供热时对水温和水质的要求，当水源的水质不能满足要求时，应相应采取有效的过滤、沉淀、灭藻、阻垢、除垢和防腐等措施；

③采用集中设置的机组时，应根据水源水质条件确定水源直接进入机组换热或另设板式换热器间接换热；采用分散小型单元式机组时，应设板式换热器间接换热；

④水源热泵机组采用地下水为水源时，应采用闭式系统；要得到当地主管部门的许可，对地下水应采取可靠的回灌措施，回灌水不得对地下水资源造成污染。

3）地下环路式水源热泵

当采用地下埋管换热器和地表水盘管换热器的地源热泵时，其埋管和盘管的形式、规格与长度，应按照冷（热）负荷、土地面积、土壤结构、土壤温度、水体温度的变化规律和机组性能等因素确定。

4）水环热泵

采用水环热泵空气调节系统时，应符合下列规定：

①循环水温宜控制在 13～35℃；

②循环水系统宜通过技术经济比较确定采用闭式冷却塔或开式冷却塔，使用开式冷却塔时，应设置中间换热器；

③辅助热源的供热量应根据冬季白天高峰和夜间低谷负荷时的建筑物的供暖负荷、系统可回收的内区余热，经济平衡计算确定；

(4)《冷水机组能效限定值及能源效率等级》GB19577-2004（内容参见电动式冷水机组相应章节）。

(5)《公共建筑节能设计标准》GB 50189-2005 第5章第4节"空气调节与采暖系统的冷热源"中有关热泵机组容量、性能系数及热泵机组的选用等做了如下规定：

1）电机驱动压缩机的蒸气压缩循环热泵机组，在额定制冷工况和规定条件下，性能系数（COP）不应低于表2-8的规定。

2）空气源热泵冷、热水机组的选择应根据不同气候区，按照下列原则确定：

①较适用于夏热冬冷地区的中、小型公共建筑；

②夏热冬暖地区采用时，应以热负荷选型，不足冷量可由水冷机组提供；

③在寒冷地区，当冬季运行性能系数低于1.8或具有集中热源、气源时不宜采用。

注：冬季运行性能系数系指冬季室外空气调节计算温度时的机组供热量（W）与机组输入功率（W）之比。

表2-8 冷水（热泵）机组制冷性能系数

类型		额定制冷量(kW)	性能系数(W/W)
水冷	活塞式/涡旋式	<528	3.8
		528~1163	4.0
		>1163	4.2
	螺杆式	<528	4.10
		528~1163	4.30
		>1163	4.60
	离心式	<528	4.40
		528~1163	4.70
		>1163	5.10
风冷或蒸发冷却	活塞式/涡旋式	≤50	2.40
		>50	2.60
	螺杆式	≤50	2.60
		>50	2.80

注：强制性条文。

3）冷水（热泵）机组的单台容量及台数的选择，应能适应空气调节负荷全年变化规律，满足季节及部分负荷要求。当空气调节冷负荷大于528kW时不宜少于2台。

（6）《地源热泵系统工程技术规范》GB50366—2005中对水源热泵系统中有关工程勘察、地埋管换热系统、地下水换热系统、地表水换热系统等方面都做了相关规定，主要内容如下：

1）地源热泵系统方案设计前，应进行工程场地状况调查，并对浅层地热能资源进行勘察。

2）地下水换热系统应根据水文地质勘察资料进行设计，并必须采取可靠回灌措施，确保置换冷量或热量后的地下水全部回灌到同一含水层，不得对地下水资源造成浪费及污染。系统投入运行后，应对抽水量、回灌量及其水质进行监测。

2.4 设计选用要点

2.4.1 空气源热泵机组

（1）空气源热泵机组相对于水源热泵机组来说耗能量较大，价格也较高，选型时应优先选用性能系数（COP）高的产品，严寒地区冬季COP低于1.8时不宜采用。同时，先进科学的融霜技术是机组冬季运行的可靠保障，因此选用机组时，要确切了解机组除霜方式，除霜控制要尽量做到判断正确、除霜时间短。

(2) 由于建筑物空调负荷随着外界气象参数和内部使用情况变化而变化，热泵机组台数及大小应充分考虑满负荷及部分负荷的特点与效率，经优化使全年能耗最低，原则上，当空调负荷大于 528kW 时，热泵机组不宜少于 2 台。

(3) 冬季室外供暖计算温度低于 -10℃ 的地区不宜选用，因为此时机组的能效比 COP 较低，经济性较差；冬季室外空气相对湿度平均值高的地区当温度低于 0℃ 时，会因空气换热器侧结霜严重，影响机组有效制热量。

(4) 合理选配水泵：水泵台数应尽可能与热泵台数匹配，以便使部分热泵停机时停止相应水泵；如果负荷随时间及其他情况变化时，在保证系统安全运行的前提下应选用变频水泵，对系统采取变水量自控方式，从而减小能耗。

(5) 布置热泵机组时，必须充分考虑周围环境对机组进风与排风的影响。应布置在空气流通好的环境中，保证进风流畅，排风不受遮挡与阻碍；同时，应注意防止进排风气流产生短路。

(6) 机组宜安装在主楼屋面上，使其噪声对主楼本身及周围环境影响小；如安装在裙房屋面上，要注意防止其噪声对主楼房间和周围环境的影响。必要时，应采取降低噪声措施。

(7) 机组与机组之间应保持足够的间距，机组的一个进风侧离建筑物墙面不应过近，造成进风受阻。机组之间的间距一般应大于 2m，进风侧离建筑物墙面的距离应大于 1.5m。

(8) 机组放置在周围以及顶部既有围挡又有开口的地方，易造成通风不畅，排风气流有可能受阻后形成部分回流。

(9) 若机组放置在高差不大、平面距离很近的上、下平台上，供冷时低位机组排出的热气流上升，易被高位机组吸入；供热时高位机组排出的冷气流下降，易被低位机组吸入。在这两种工况下，机组的运行性能都会受到影响。

(10) 多台机组分前后布置时，应避免位于主导风向上游的机组排出的冷/热气流对下游机组吸气的影响。

(11) 机组的排风出口前方，不应有任何阻限，以确保射流能充分扩展。

(12) 常规舒适性空调系统的热媒水温度为 60℃，所有末端设备的名义供热量也是据此给出的。对于空气-水热泵机组，其名义制热量是基于进水温度 40℃，出水温度 45℃，温差 5℃。由于热媒参数不同，因此，选择末端设备时，必须对其供热量进行校核与修正，以确保满足室内热负荷的要求。

(13) 空气-水热泵机组的水侧换热器，大多数为壳管式，仅少数产品采用板式换热器。板式换热器有传热系数大，热效率高，外形尺寸小等特点；但板式换热器对水质要求较高，设计时不仅应在板式换热器前设置水过滤器，还应对系统中的热媒水进行有效的处理。

2.4.2 水源热泵机组

2.4.2.1 水环式水源热泵

(1) 水环式水源热泵能够进行制冷工况和制热工况机组之间的热回收。

(2) 要做制冷制热小时数与冷热负荷量分析，从而确定二者是否平衡，是否需要辅助加热。

（3）适合全年空气调节，供同时需要供热和供冷的建筑物内使用。

（4）循环水系统管路宜按同程布置。

（5）优先选用闭式冷却塔或开式冷却塔加板式换热器，实现闭式循环。

（6）循环水系统补水宜采用软化水；冷却水系统应采取防腐、防垢、排污、过滤等综合处理措施。

（7）各段管路的设计流量等于该段管路所服务的所有热泵机组的流量总和，按此流量计算管径和压力损失。

（8）水环热泵机组的流量调节对于定流量系统可采用手动调节阀、静态平衡阀或定流量平衡阀，对于变流量系统设置电动二通阀。

（9）水环路的水温全年均在室内空气露点以上，管道不需要进行防结露保温。

2.4.2.2 地下水水源热泵和地表水水源热泵

（1）用地下水为水源时，应首先在工程所在地完成试验井，测量出水量、水温及水质资料，然后按照工程冷、热负荷及所选的机组性能、板式换热器的设计温差确定需要水源的总水流量，最后决定地下井的数量和位置；采用地表水时，应注意冬夏水温的变化及水位涨落的变化。

（2）水源热泵的水源应具备充足稳定的水量、合适的水温、合格的水质。机组冬、夏季运行时对水源温度的要求不同，一般冬季不宜低于10℃、夏季不宜高于30℃，尤其是采用地表水时应特别注意，要能够掌握水体不同深度全年温度变化曲线。水质方面参照如下要求：pH值为6.5~8.5，CaO含量小于200mg/L，矿化度小于3g/L，Cl^-小于100mg/L，SO_4^{2-}小于200mg/L，Fe^{2+}小于1mg/L，H_2S小于0.5mg/L，含砂量小于1/200000。

（3）水源的利用分直接供水和间接供水（即通过板式换热器换热）。采用间接供水，可保证机组不受水源水质不好的影响，减少维修费用和延长使用寿命，尤其是采用小型分散式系统时，必须采用间接式供水。当采用大、中型机组，集中设置在机房时，可视水源水质情况而定，如果水质符合标准，不需采取处理措施，可采用直接供水。

（4）水源热泵使用水资源的使用要求：

关于采用地下水，国家有严格规定，除《中华人民共和国水法》、《城市地下水开发利用保护管理规定》等法规外，2000年国务院颁发了《要求加强城市供水节水和水污染防治工作的通知》，要求加强地下水资源的开发利用和统一管理；保护地下水资源，防止因抽水造成地面下沉，应采用人工回灌工程等。因此采用地下水的水源热泵，一定要把回灌措施视为重点。

2.4.2.3 地下埋管土壤源热泵

一般应先根据建筑周边土地确定布置方案，地下埋管换热器可分水平地埋管和竖直地埋管两种。在系统设计前要对土壤的热物性（密度、含水率、空隙比、饱和度、比热容、导热系数等）、传热特性、温度及变化、冻结与解冻规律等作详细了解。

对2.4.2.2和2.4.2.3中所提到的三种热泵系统作具体计算及设计时可参照《地源热泵系统工程技术规范》GB50366-2005中的相关规定。

3 溴化锂吸收式机组

3.1 概 述

溴化锂制冷是以溴化锂水溶液为吸收剂,水为制冷剂,水在高真空下蒸发吸热,降低蒸发器里溶液的温度,外部循环与蒸发器内低温溶液的热交换中获取冷量。蒸发器的高真空度是由溴化锂浓溶液不断吸收水蒸气维持的。而吸收了水蒸气的溴化锂水溶液变稀,必须有热源加热使其浓缩,其热源是蒸汽、热水及矿物燃料油或燃气。

3.2 分类及特点

3.2.1 溴化锂吸收式制冷机组分类

溴化锂吸收式制冷机组可以按照制冷工质(制冷剂与吸收剂)的组合,驱动热源及其利用方式、用途、排热方法等进行多种分类,从工程应用的角度出发其分类可参见表3-1。

表3-1 溴化锂吸收式制冷机组的分类

种类	使用热源		特性、用途	备 注
单效	85~150℃热水或0.1MPa蒸汽		可使用低位热(大于60℃热水或0.7MPa蒸汽)制取冷水,出口温度7℃、10℃、13℃三个级别,其中7℃用于降温除湿,10℃、13℃只用于降温冷却。单位制冷汽耗2.35kg/(kW·h),热力系数 $\xi \approx 0.7$,冷却负荷/制冷量 = 2.45~2.7kW/kW	利用低位热,如60~80℃,可采用二级单效吸收式机组,热力系数仅为0.4。对温度较高,如130℃左右,利用至70℃以下排放,可采用二段单级吸收式机组,热力系数可达0.75。设备大,耗能量大,冷却水量大,最适合废热利用
双效	150℃以上热水或0.25~0.8MPa蒸汽		提供7℃、10℃、13℃冷水用于空调和工艺用冷水。单位制冷汽耗1.45~1.3 kg/(kW·h),热力系数 $\xi \approx 0.9~1.3$,冷却负荷/制冷量 = 1.8~2.0kW/kW	耗电量极少,冷却水量大,如有余热蒸汽、有采暖锅炉闲置,燃料费合算,或参与多元能源站房,作为热电冷联产的组成时,适合选用
直燃	燃气或燃油	冷暖专用	夏季供冷、冬季供热	适用建筑物二管制空调系统
		冷暖同时产出	冬季供热的同时,产生冷水,供用冷区	适用于长年有内区供冷的建筑物
		冷暖生活热水并用	冬季供热的同时,还提供生活热水	少量生活热水,不必另设锅炉,但要考虑因全年运行设备的检修问题
排气	单效(200℃)		提供空调冷热水	利用发动机高温排气或工业废气为驱动热源,包括汽电共生系统的尾气利用
	双效(400℃)		提供空调冷热水	

3.2.2 溴化锂吸收式制冷机组特点介绍

(1) 溴化锂制冷循环再生过程要排出大量的热,由冷却水带走,其排热量是制冷量的1.8~1.85倍(蒸汽压缩式电制冷约1.2~1.25倍),所以其辅机(冷却塔与冷却水泵)要比电制冷系统大。

(2) 蒸发器的冷水温度必须高于0℃,为了安全,通常出水温度不宜低于3~5℃。

(3) 溴化锂吸收式制冷的热力系数COP,是指从蒸发器降温中得到的冷量Q_e与发生器驱动热输入量Q_g之比,$COP = Q_e/Q_g$,未包括冷却水系统的耗能。

(4) 溴化锂吸收式制冷系统的电耗很少,主机耗电仅为电制冷系统的2%~3%,加上辅机(冷却水系统)也只有电制冷系统的20%左右,尤其适合应用在供电紧缺、有廉价燃料、集中供热或有废热可以利用的场合。

(5) 溴化锂吸收式制冷系统除了冷剂泵和溶液泵外,基本上无运动部件,具有运转平稳、振动小、调节性能温和等优点,还可以安装在户外。

(6) 溴化锂制冷剂使用工质对大气无污染,目前国内溴化锂吸收式制冷技术达到国际先进水平,对防止制冷量衰减和对黑色金属腐蚀方面的技术水平都有较大的进步,这更有助于它的推广应用。

3.3 相关标准、规范摘要及分析

3.3.1 标准规范目录

(1) GB 18361—2001 溴化锂吸收式冷(温)水机组安全要求

(2) GB/T18362—2001 直燃型溴化锂吸收式冷(温)水机组

(3) GB/T18431—2001 蒸汽和热水型溴化锂吸收式冷水机组

(4) GB 50019—2003 采暖通风与空气调节设计规范

(5) DGJ08—74—2004 510430—2004 燃气直燃型吸收式冷热水机组工程技术规程(上海市工程建设规范)

(6) DGJ08—107—2004 公共建筑节能设计标准(上海)

(7) GB 50189—2005 公共建筑节能设计标准

3.3.2 节能标准规范摘要分析

(1) 规范《蒸汽和热水型溴化锂吸收式冷水机组》GB/T18431—2001规定了蒸汽、热水型溴化锂冷水机组应根据用户具备的加热源种类和参数合理确定,各类机种的加热源参数确定见表3-2:

表 3-2 各类机组加热源参数

机 型	加热源种类及参数	机 型	加热源种类及参数
蒸汽双效	蒸汽额定压力（表）0.25、0.4、0.6、0.8MPa	蒸汽单效	废气(0.1MPa)
热水双效	>140℃热水	热水单效	废热(85~140℃热水)

（2）规范《采暖通风与空气调节设计规范》GB 50019—2003 在"7.4 溴化锂吸收式机组"中对溴化锂吸收式机组的加热源、性能参数以及选用要点等都有相关规定，内容如下：

1）直燃型溴化锂吸收式冷（温）水机组应优先采用天然气、人工煤气或液化石油气做加热源。当无上述气源供应时，宜采用轻柴油。

2）溴化锂吸收式机组在名义工况下的性能参数，应符合现行国家标准《蒸汽和热水型溴化锂吸收式冷水机组》（GB/T 18431）和《直燃型溴化锂吸收式冷（温）水机组》（GB/T 18362）的规定。

3）选用直燃型溴化锂吸收式冷（温）水机组时，应符合以下规定：

按照冷负荷选型，并考虑冷、热负荷与机组供冷、供热量的匹配，当热负荷大于机组供热量时，不应用加大机型的方式增加供热量；当通过技术经济比较合理时，可加大高压发生器和燃烧器以增加供热量，但增加的供热量不宜大于机组原供热量的 50%。

4）选择溴化锂吸收式机组时，应考虑机组水侧污垢及腐蚀等因素，对供冷（热）量进行修正。

5）采用供冷（温）水与生活热水三用直燃机时，除应符合 2）中的规定外，尚应符合下列要求：

①完全满足冷（温）水与生活热水日负荷变化和季节负荷变化的要求，并达到实用、经济、合理；

②设置与机组配合的控制系统，按冷（温）水及生活热水的负荷需求进行调节；

③当生活热水负荷大、波动大或使用要求高时，应另设专用热水机组供给生活热水。

6）溴化锂吸收式机组的冷却水、补充水的水质要求，直燃型溴化锂吸收式冷（温）水机组的储油、供油系统、燃气系统等的设计，均应符合国家现行有关标准的规定。

（3）规范《燃气直燃型吸收式冷热水机组工程技术规程》DGJ08—74—2004 510430—2004 中对机房位置、机组装机容量都做了相应规定，具体要求如下：

1）机组设置在建筑物内，其装机容量应符合下列要求：

①机组设置在建筑物的首层时，单台制冷量不大于 7.00MW；总制冷量不大于 28MW，额定出水温度小于 95℃；

②机组设置在建筑物的中间层时（应严格控制），单台制冷量不大于 1.4MW；总制冷量不大于 2.8MW，额定出水温度小于 95℃；

③机组设置在多层建筑和裙房屋顶时，单台制冷量不大于7.00MW；总制冷量不大于28MW，额定出水温度小于95℃；

④机组设置在高层建筑屋顶时，单台制冷量不大于7.00MW；总制冷量不大于21MW，额定出水温度小于95℃；

⑤机组设置在半地下室或地下室时，单台制冷量不大于4.2MW；总制冷量不大于28MW，额定出水温度小于95℃。

2）机房建筑应符合下列要求：

①机房应通风良好，机房内不应有易燃易爆的物品；

②机房的净高应根据机身高度、上部管道安装、检修的高度需要来确定，机房内不应设置吊平顶；

③机房内应设置火灾自动报警和自动灭火系统；

④机组运行时的噪声控制应符合国家《城市区域环境噪声标准》（GB3096）或当地主管部门的有关规定；

⑤单层机房面积大于200m²时，机房均应设直接对外的安全出口；

⑥机房必须具有设备安装、检修通道的空间，应有方便设备起吊、安装就位和日后更换设备方便的措施；

⑦支承机组楼板的承载力应满足机组安装和运行重量的要求；

⑧非独立机房应用耐火极限大于2h的钢筋混凝土墙、耐火1.5h的现浇楼板与其他部位隔开；

⑨机房的泄压面积不得小于机组高压发生器占地（包括高压发生器前、后、左、右检修场地1m）面积的10%（当通风管道或通风井直通室外时，其面积可计入机房泄压面机），泄压口应避开人员密集场所和主要安全出口；

⑩机房内机组保温层外表面的温度不宜大于50℃。

（4）规范《公共建筑节能设计标准》（上海）DGJ08—107—2004在"4.3设备配置和选择"中规定溴化锂吸收式机组的选择应满足空调负荷变化规律及部分负荷运行的要求，一般不少于二台，条件许可的话，也可采用多种能源配置。对溴化锂机组的性能系数也有如下规定，参见表3-3，表3-4。

表3-3 直燃型溴化锂吸收式冷（热）水机组的性能系数　　　　　　　　　／℃

制冷或供热	名义工况				机组性能系数（COP）
	冷水、温水		冷却水		
	进口温度	出口温度	进口温度	出口温度	
制冷	12	7	32	38	≥1.15
供热		60			≥0.90

表3-4 蒸汽溴化锂吸收式冷水机组的性能系数

蒸汽压力 (饱和)MPa	冷 水		冷 却 水		性能系数(单位制冷量的 蒸汽消耗量) [kg/(h·kW)]
	进口温度 (℃)	出口温度 (℃)	进口温度 (℃)	出口温度 (℃)	
0.25	18	13	32	(38)	≤1.40
0.4	12	7	32	(38)	≤1.40
0.6	15	10	32	(38)	≤1.31
	12	7	32	(38)	≤1.28
0.8	15	10	32	(38)	≤1.28
	12	7	32	(38)	≤1.28

（5）规范《公共建筑节能设计标准》GB 50189-2005 在 "5.5 空气调节与采暖系统冷热源"中规定：蒸汽、热水型溴化锂吸收式冷水机组及直燃型溴化锂吸收式冷（温）水机组应选用能量调节装置灵敏、可靠的机型，在名义工况下的性能参数应符合表3-5中的规定。

表3-5 溴化锂吸收式机组名义工况性能参数

机 型	名 义 工 况			性 能 参 数		
	冷(温)水进/ 出口温度 (℃)	冷却水进/ 出口温度 (℃)	蒸汽压力 (MPa)	单位制冷量 蒸汽耗量 [kg/(kW·h)]	性能系数(W/W)	
					制 冷	供 热
蒸汽双效	18/13	30/35	0.25	≤1.40		
	12/7		0.4	≤1.40		
			0.6	≤1.31		
			0.8	≤1.28		
直燃	供冷 12/7	30/35			≥1.10	
	供热出口60					≥0.90

注：直燃机的性能系数为：制冷量(供热量)/[加热源消耗量(以低位热值计)+电力消耗量(折算成一次能)]。

注：强制性条文。

3.4 设计选用要点

3.4.1 影响溴化锂吸收式机组性能因素分析

溴化锂吸收式机组会因气候、负荷和热源参数等外界条件的变化及机组本身内部条件的改变等，使制冷机不能在名义设计工况下工作。不同运行工况的影响包括：

3.4.1.1 冷水出水温度

名义工况下：冷水出水温度7℃，冷却水进口30℃，当其他外界条件、内部条件不变，在一定范围内，标准工况下，冷水出口温度每升高1℃，机组制冷量Q_0可提高3%~5%，同时性能系数也升高，但受溶液循环量及传热面积制约，其制冷量升高也有一定限制。反之，当冷水温度降低1℃，制冷量要降低6%~8%，同时性能系数下降，运行不经济。

一般名义工况冷水出水温度7℃的机组，变化范围为5~10℃；10℃出水温度的机组，变化范围为8~13℃。当出水温度要求过高时，应与制造厂联系解决。

3.4.1.2　冷水流量的影响

当蒸发器出水温度恒定，冷水量减少，传热系数下降，传热温差增大，其制冷量影响不大，但不能过分减少，不应低于名义值的60%。

3.4.1.3　冷却水温度

在外界条件与内部条件不变时，机组在名义工况下（冷却水进水30℃）的一定范围内，冷却水温度每升高1℃，制冷量 Q_0 下降5%~8%，热源耗量上升，热力系数下降，机组处于不经济状态。反之，冷却水进口温度每降低1℃，制冷量上升3%~5%，热源耗量下降，热力系数提高，但制冷量变化幅度受各部分传热面积与配管尺寸的制约。

3.4.1.4　冷却水流量的影响

冷却水流量上升10%，机组制冷量上升2%，反之冷却水流量减少10%，制冷量下降3%。冷却水量的变化还会影响水阻力，所以国标 GB/T1836-2001 规定，机组冷却水不能超过名义值的105%，减少20%时制冷量下降幅度增大，即不应低于设计值的80%。在春秋季低负荷下运行，由于冷却水温度较低，从经济运行考虑，可以降低水量，以减少冷却水系统的能耗与水损失。

3.4.1.5　热水温度与供热量

热水出水温度名义工况，中国、美国标准为60℃，日本规定55℃，热水出口温度不希望过高，否则会使压力升高。供暖有将蒸发器作为供暖换热器的，也有另置换热器的，都是以管内流动的热水使高压发生器产生的水蒸气凝结成水。如降低出水温度，则管外冷凝温度降低，冷凝压力下降，管外蒸汽凝结加快，供热量提高。同样由于配置面积的制约，这一提高是有限的。

3.4.1.6　污垢系数对制冷量的影响

我国标准中对污垢系数的规定

（1）清洁管的污垢系数，出厂试验，经钝化处理的蒸发器，冷凝器和吸收器管内清洁，水侧的污垢系数认定为 $0.043 m^2℃/kW$，而样本标出的制冷量，是指水侧污垢系数为 $0.086 m^2·K/kW$ 时的值，因此出厂试验时的制冷量，应比样本值高。

（2）污垢系数对制冷量、供热量的影响如表3-6所示。

表3-6　污垢系数对制冷量、供热量的影响

污垢系数 /(m²·K/kW)		0.043	0.086	0.172	0.258	0.344
制冷量(%)	冷却水侧	104		92	85	79
	冷水侧		100			
供热量(%)	热水侧	103		94	—	—

(3) 出厂试验时，名义工况的制冷量应乘以按以下公式的系数 α，$\alpha = 1.04 \times 1.03 = 1.07$。

(4) 出厂试验时，名义工况的供热量应乘以系数 1.03。

3.4.1.7 对实际运行的机组，制冷量的校核计算举例：

实际冷却水侧污垢系数为 $0.258 \text{ m}^2 \cdot \text{K/kW}$，冷水侧污垢系数为 $0.172 \text{ m}^2 \cdot \text{K/kW}$，出厂试验制冷量按 95% 验收，此时的制冷量和名义工况制冷量的比值为

$$\frac{94}{103} \times \frac{85}{104} \times \frac{95}{100} = 0.709$$

从实例中说明污垢系数对产冷量影响较大，尤其是冷却水的水质，除了使机组结垢还会对机组产生腐蚀，影响到正常运转与使用寿命，尤其是直燃机，由于冷热水是用同一管路，热水温度提高，使污垢生成加剧，溴化锂对传热管腐蚀，将引起传热管外壁产生污垢，也将使制冷量衰减，因此保持机组真空度，溴化锂溶液定期再生，和水质管理以及水垢清除同样不可缺少，都是操作维护的重要组成部分。

3.4.2 设计选用注意事项

(1) 工程设计人员选择冷热源方案时，最重要的是要分析方案的可靠性和经济性，对小型项目，操作运行方便是首先考虑的，对大中型项目，尤其大型项目应作技术经济比较，并结合当地能源供应价格，比选出最可行的方案。

(2) 在燃气作空调供冷供热能源时，应考虑供气源的可靠性，对不能中断供汽、供热的用户，宜配置如气+油备用或气+电多元能源，或蓄冷蓄热等方式，在气源不保障时，其中不能中断的部分由其他能源方式保障。

多元能源配置有利于能源的可靠性，也能适应能源价格的变动，在部分负荷时，优先启用成本低的能源，节省运行费用。

(3) 选用机组最好不少于二台，应兼顾部分负荷的运行。工程中部分负荷应逐时分析，机组能否适应昼夜负荷变化及季节变化，要看整个系统的适应能力，而不是单台机的部分负荷特性，即使单台机部分负荷性能不是很优越，但系统中有机组能照顾到部分负荷供给的特点，那么整个系统也是合理的。

(4) 直燃式机组其额定工况供热量约为供冷量的 80%，当空调的热负荷大时，可以适当加大机组供热部件，但增加的供热量不宜大于原机组供热量的 50%。如供冷量比供热量大许多时，也可以配置部分电制冷机组。

(5) 溴化锂吸收式制冷机的冷却水允许最低温度，各生产厂家设计工况有别，根据工程运行的情况，有低于设计温度须运行的，应配备适应低温运行的措施。

(6) 直燃式溴化锂机房位置应符合环境、噪声、消防安全等要求，调压站及机组用气等均要符合天然气管道技术规程，备用油的储存安全，机房的事故通风换气、探测报警、紧急切断等都要遵照有关规范规程。

4 锅 炉

4.1 概 述

锅炉是利用燃料或其他能源的热能,把水加热成热水或蒸汽的机械设备。锅炉产生的热水或蒸汽可直接为生产和生活提供所需的热能,也可通过蒸汽动力装置转换为机械能,或再通过发电机将机械能转换为电能。通常把提供热水的锅炉称为热水锅炉,把产生蒸汽的锅炉称为蒸汽锅炉。

4.2 分类及特点

锅炉按其烟气流动方式、燃料(能源)种类、结构形式等有多种分类,其不同分类的方式和特点介绍见表4-1。

表4-1 锅炉的分类方式及特点介绍

锅炉种类		特性描述
烟气流动方式	烟(火)管锅炉	烟气于管内而水于管外进行热交换,容量一般在0.5~20t/h,蒸汽压力在2.5MPa以下,一般民用常用1.0MPa以下。 构造简单,运行稳定,维护方便
	水管锅炉	水于管内而烟气于管外进行热交换。蒸汽型:额定蒸发量4~20t/h,额定压力0.7~12.5MPa,蒸汽温度为饱和或过热温度;热水型,额定热功率2.8~14MW,额定压力为0.7MPa或1.25MPa;供回水温度为95/70℃、115/70℃、130/70℃;效率高,容量大,可以长期连续运行;管子容易过热
介质种类	蒸汽	产生蒸汽供各需求点使用
	热水	产生热水供各需求点使用
按能源分类	燃油	以轻油或重油为燃料(重油不适用于地下锅炉房)
	燃气	天然气(一般上海地区低热值34750kJ/Nm³)
		人工煤气[一般上海地区低热值(14240±419)kJ/Nm³]
		液化石油气(如无天然气使用,可考虑使用但要确保气源充足,不能进入地下室)
	燃煤	以劣质煤、烟煤、无烟煤为燃料
	电	使用电能,无烟气排放,不得作为直接采暖和空气调节系统的热源;必须选用蓄热电锅炉系统,采用集中供热。对环境无污染且能对电网起到移峰填谷作用(详见蓄热章节)

续表

锅炉种类		特性描述
结构形式	立式	占地面积小,便于安装,容量小,一般在1t/h(0.7MW)以下
	卧式	一般多为卧式内燃三回程,结构简单、紧凑,制造成本低,工作压力不超过2.0MPa,单炉胆出力不超过15t/h,容量一般在0.7~7.0MW
	双(单)锅筒纵制式	容量和压力范围较广,水循环好,但水质要求高
承压能力(热水锅炉)	承压锅炉	属压力容器,受国家《热水锅炉安全技术监察规程》限制
	常压锅炉	为常压容器,在锅炉本体最高处应开孔,并直通大气
	真空锅炉	热功率:0.093~1.453MW;额定压力:真空;热水温度:45℃/85℃;效率:可达90%以上传热效率高,使用寿命长,运行安全可靠,操作方便
	冷凝式锅炉	通过降低排烟温度,提高进水温度,回收利用烟气余热

4.3 相关标准、规范摘要及分析

4.3.1 标准、规范目录

（1）民用建筑节能设计标准（采暖居住建筑部分）JGJ26—95
（2）锅炉房设计规范 GB50041—92
（3）锅炉大气污染物排放标准 GB13271—2001
（4）生活锅炉热效率及热工试验方法 GB/T10820—2002
（5）公共建筑节能标准 GB50189—2005

4.3.2 节能标准规范摘要及分析

《公共建筑节能标准》GB50189—2005 在"5.4 空气调节与采暖系统的冷热源"中规定

（1）锅炉的额定热效率应符合表4-2的规定：

表4-2 锅炉额定热效率

锅炉类型	热效率(%)
燃煤(Ⅱ类烟煤)蒸汽、热水锅炉	78
燃油、燃气蒸汽、热水锅炉	89

（2）锅炉（燃油、燃气或燃煤）的选择，应符合下列规定：

1）锅炉房单台锅炉的容量，应确保在最大热负荷和低谷热负荷时都能高效运行；
2）锅炉台数不宜少于2台，当中、小型建筑设置1台锅炉能满足热负荷和检修需要时，可设1台；
3）充分利用锅炉产生的多种余热，具体途径有：在炉尾烟道设置省煤器或空气预热器；尽量使用锅炉连续排污器，利用二次汽再生热量；重视分汽缸及各用汽电的凝结水回收，将其接至给水箱以提高锅炉给水温度。

4.4 设计选用要点

4.4.1 锅炉形式的选择

锅炉型式的选择，应结合当地的资源情况合理选用，所选的设备应符合现行相关标准的规定值，并优先选用高效节能的产品。燃油燃气锅炉应选用配置比例调节燃烧器的全自动锅炉；选用电锅炉时必须满足《公共建筑节能设计标准》相关规定；条件允许时，可选用冷凝式锅炉。

4.4.2 单台容量及台数的选择

锅炉台数和容量的确定，应根据锅炉房的设计容量和全年负荷低峰期工况合理配置锅炉的单台容量和台数，从而确保锅炉在最大及最小热负荷工况均处于较高效率运行。锅炉房在新建时总台数不宜超过5台，扩建和改建时不宜超过7台。

4.4.3 锅炉额定热效率选定

锅炉额定热效率应符合《公共建筑节能设计标准》（GB50189-2005）中的相关规定，具体指标参见表4-2。

4.4.4 供热介质的选择

专供采暖的锅炉房供热介质宜为热水；只有生产用汽和生活用热负荷的锅炉房宜选用蒸汽锅炉；对于既有采暖通风热负荷又有蒸汽负荷等多种用途的热用户，应根据各种热媒用量和温度等因素进行技术经济比较确定供热介质。

4.4.5 鼓引风机的选择

锅炉鼓引风机宜单炉配置，应选用高效节能的风机，通常应优先选用可变速调节的风机，其风量和风压应根据锅炉额定蒸发量或额定出力、燃料种类及燃烧方式等计算后确定。

4.4.6 排烟温度的设定

可通过配置空气预热器或增设热交换器加热锅炉给水等方法来降低排烟温度，从而相应提高锅炉热效率；一般来讲，排烟温度越低，锅炉的热效率就越高，但过低的排烟温度会引起锅炉尾部受热面的低温腐蚀，通常不宜低于125℃。

4.4.7 排烟噪声的设定

燃油、燃气和燃煤锅炉烟气排放必须符合国家环保规定值，锅炉燃烧设备、传动装置及辅机的

A级噪声不应大于85dB（A），具体规定参数参见表4-3：

表4-3 锅炉房区域最大噪声允许值

锅炉房区域名称	锅炉间、水处理间	控制室、化验室	办公室	值班、休息室
允许最大噪声值 dB(A)	≤85	≤70	≤60	≤50

4.4.8 蒸汽凝结水的回收利用

对于蒸汽锅炉应最大限度地回收蒸汽凝结水，以提高锅炉的进水温度，减少热量损失。

5 蓄冷空调系统及设备

5.1 概　述

蓄冷空调系统的特点是利用水的显热或水的固-液相变过程的潜热迁移特性，使用廉价电力进行制冷蓄冷，在高电价或供电高峰负荷时段释放冷量，从而达到降低空调系统运行电费和削减电力高峰负荷的目的。

5.2 分　类

5.2.1 蓄冷方式分类

蓄冷方式可分为两种：一是显热蓄冷，即在蓄冷介质相态不变情况下，使其降温蓄存冷量的方法；另一种是潜热蓄冷，即在蓄冷介质温度不变情况下，不断地向其供冷，使其相态发生变化，从液态变成固态以蓄存冷量的方法。具体分类见图5-1：

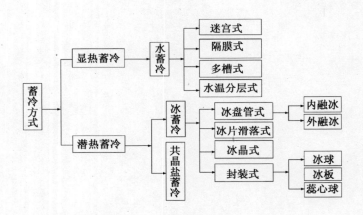

图 5-1　蓄冷方式的分类

5.2.2 蓄冷剂及载冷剂分类

蓄冷剂通常有水、冰和共晶盐，其中以水和冰最为常见；载冷剂通常有乙二醇水溶液或盐水溶液，其中以乙二醇水溶液应用最广。其各自的分类及特点介绍见表5-1：

表 5-1 蓄冷剂及载冷剂介绍

介质类别		特点介绍
蓄冷剂	水	利用水温变化储存的显热量——显热式蓄冷，一般蓄冷温差为 6~10℃，蓄冷温度为 4~6℃；单位蓄冷能力低，蓄冷体积大，适宜现有工程的改造、规模较小或有其他可以利用水池的工程
	冰	利用冰的溶解潜热储存冷量——潜热式蓄冷。单位蓄冷能力大，蓄冷体积小，可提供较低的空调供水温度，制冷机制冰温度低（-4~-8℃），能效比下降。适用于集中时段负荷占全日负荷比例大的项目
	共晶盐	无机盐与水的混合物称为共晶盐，一般其相变温度为 5~8℃，单位蓄冷能力约为 20.8 kWh/m³。制冷机可按空调运行工况运行，效率高，运行费用低，初投资较高
载冷剂	乙二醇水溶液	一般为 25%~30%（质量比）乙二醇水溶液，其热容量大、传热性好、无沉淀、腐蚀性弱、稳定性好，使用方便，适用温度范围 5~-25℃
	盐水（$CaCl$、$CaCl_2$、$MgCl_2$）	一般为 $CaCl$（$CaCl_2$、$MgCl_2$）的水溶液，其热容量大、黏度低、成本低，有沉淀、腐蚀性强、对人皮肤有伤害

5.2.3 蓄冷模式分类

蓄冷系统中常见的蓄冷模式有两种，即全部负荷蓄冷和部分负荷蓄冷，其各自的特点见表 5-2：

表 5-2 蓄冷模式的分类及特点

蓄冷模式	特征	优点	缺点
全部负荷蓄冷（图 5-2）	是指将白天的空调冷负荷全部由夜间非用电高峰期制冷所蓄冷量承担，适用于白天供冷时间较短的场所或峰谷电价差很大的地区	1. 白天空调用电负荷降至最小，调峰效果好 2. 充分利用廉价的夜间低谷电力，运行费用低 3. 运行工况简单，设计和管理简单	制冷设备与蓄冷槽都较大，初投资高
部分负荷蓄冷（图 5-3）	是指将白天空调的部分冷负荷由夜间电力低谷时段进行制冷所蓄冷量来承担	1. 制冷设备与储冷槽的容量都比较小 2. 辅助设备小，减少了初投资和占用空间 3. 初投资与运行费的综合值较为经济，投资回收期较短 4. 制冷机的效率比全蓄冷模式高	1. 电力调峰的效果较小 2. 设计和管理相对复杂

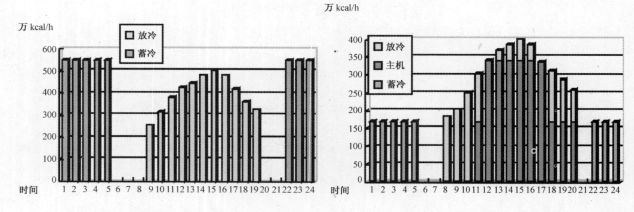

图 5-2 全部蓄冷运行示意图　　　　图 5-3 部分蓄冷运行示意图

5.3 系统及设备特点

5.3.1 水蓄冷空调系统

水蓄冷系统基本上由制冷设备、蓄冷水槽及控制系统三部分组成，见图5-4。

5.3.1.1 制冷设备

水蓄冷系统的制冷设备与常规制冷系统的制冷设备相同，制冷机组可选用螺杆式、离心式等常规制冷机组。

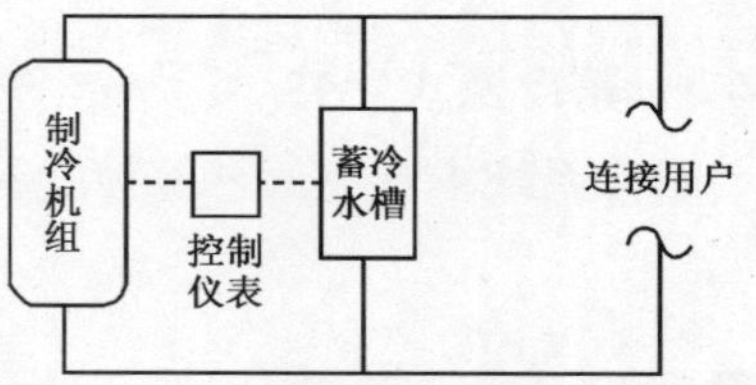

5.3.1.2 蓄冷水槽

常见蓄冷水槽的形式有温度分层式、多水槽式、隔膜式及迷宫折流式等。

图 5-4 水蓄冷系统

（1）温度分层式

利用水在不同温度下密度不同而实现自然分层。在蓄冷时，制冷设备送来的冷水由底部散流器进入蓄水罐，温度稍高的水则从顶部排出，作为回水进入制冷设备，罐中水量保持不变。在释冷时，水流动方向相反，冷水由底部送至负荷侧，来自用户的回水从顶部散流器进入蓄水罐。系统原理图见图5-5。

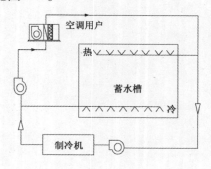

图 5-5 温度分层式系统原理图

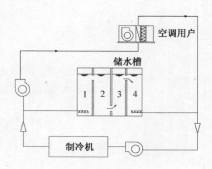

图 5-6 多水槽式系统

(2) 多水槽式

蓄冷时,制冷机制备的冷水从第一个蓄水槽的底部入口进入槽中,原槽中上部的水即被推动,通过溢流进入第二槽的入口。以此类推,直到最终所有的水槽中均充满低温冷水;释冷时,水流方向相反。系统原理图见图5-6。

(3) 隔膜式

在蓄水槽内部,装有一活动柔性膈膜或一可移动刚性隔板,用来实现冷水和回水的分隔。隔膜或隔板可水平布置或垂直布置。图5-7为垂直隔膜式蓄水槽的水蓄冷系统原理图。

(4) 迷宫折流式

采用隔板把蓄冷水槽分成很多个单元格,水流按照设计的路线依次流过每个单元格。图5-8所示为迷宫式蓄水槽的原理图。

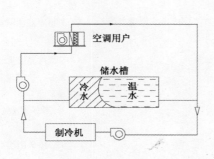

图5-7 隔膜式系统原理图

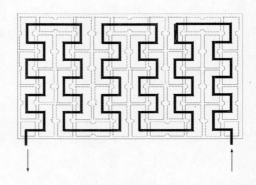

图5-8 迷宫折流式蓄水槽原理图

5.3.2 冰蓄冷空调系统

5.3.2.1 制冷设备

冰蓄冷系统所用的制冷机应能适应在制备冷水和制冰两种工况下运行。常用的双工况制冷机的形式有往复式、螺杆式及离心式等,各种形式的双工况机组的技术特性见表5-3:

表5-3 蓄冷制冷机的特性

双工况冷水机组形式	最低供冷温度(℃)	制冷机性能系数(COP)		典型选用容量范围	
		空调工况	蓄冷工况	(kW)	(RT)
往复式	-12~-10	4.1~5.4	2.9~3.9	90~530	25~150
螺杆式	-12~-7	4.1~5.4	2.9~3.9	180~4220	50~1200
离心式	-6~0	5~5.9	3.5~4.1	700~7000	200~2000

5.3.2.2 蓄冰装置

(1) 常见的盘管式蓄冰装置按其材质分主要有钢制盘管和塑料盘管。钢盘管可采用内融冰方式也可采用外融冰方式,取冷均匀,温度稳定。多股塑料软管盘成圆圈形,上下叠置浸入筒内,作为整体式蓄冰筒。主要采用内融冰方式。

（2）封装式蓄冰装置主要有冰球、冰板和蕊心球三种形式。冰球大多由硬质塑料制成空心球，球内充水，水在其中冻结蓄冷，其形式有表面凹窝形冰球和齿形冰球。蕊心球即在冰球两侧设置中空金属蕊心来增强换热效率和配重。冰板是由高密度聚乙烯制成的中空板，板中充注去离子水，用来冻结蓄冷。

5.3.2.3 几种常见制冰方式的特点介绍（见表5-4）

表5-4 几种常见制冰方式的优缺点

名称	系统	制冷机	制冰方式	优点	缺点
直接式制冰	大多为开式水槽	往复式、螺杆式	钢管或铜管换热器浸入水槽，管内通制冷剂，管外结冰	1.直接式制冰系统简单 2.初投资较低 3.可采用氟利昂或氨作为制冷剂 4.供应冰水温度可低至3℃	1.适用于规模较小工程 2.无法采用离心式压缩机 3.制冷剂泄漏量较大
完全冻结式制冰	槽中贮冷水，塑料管内通低温乙二醇水溶液	往复式、螺杆式	低温乙二醇水溶液通过塑料管时，吸收槽内水的热量而使水冻结	1.初投资低 2.维修费低 3.故障少 4.供应冰水温度可低至3℃ 5.适用于中小型空调系统	1.蒸发温度低 2.多一个热交换环节，效率降低 3.无法采用离心式压缩机 4.必须采用乙二醇水溶液
不完全冻结式制冰	通常蓄冰容器可以是钢槽也可以是混凝土槽体，适用于外融冰也可用于内融冰系统	离心式、螺杆式、往复式	低温乙二醇水溶液通过钢制盘管时，吸收槽内水的热量而使水冻结	1.融冰速率均衡 2.融冰利用率高 3.热交换效率高 4.载冷剂用量小 5.适用于各类空调工程	钢制设备价格较高
冰球制冰	通常蓄冰容器由钢板制成，冰球形式有几种，球内充相变物质	往复式、螺杆式	低温乙二醇水溶液循环使冰球发生相变	1.系统简单，寿命较长 2.维修方便，个别球体损坏不影响系统运行 3.适用于各类空调工程	1.载冷剂用量大，造价较高 2.制冰时间较长，取冷不稳定
冰片滑落式	采用一种特殊的板式蒸发器，向其表面不断供水，使之冻结成3~6mm厚的片状冰	往复式、螺杆式	片冰达到一定厚度后用热气流旁通方式加热蒸发外表面，使粘贴其上的冰层融化，冰片在自重作用下滑落入下方的冰槽。	1.系统简单 2.可在夜间电网低负荷时大量制冰，供白天使用 3.占地面积小 4.可配任何空调系统 5.供应冰水温度较低	1.冷量损失大 2.设计与管理技术要求高 3.要求机房高度大
共晶盐	在类似封装式的冰板式蓄冰装置中充填无水硫酸钠结晶为主的共晶盐。其冻结温度为5~8.3℃	离心式、螺杆式、往复式、溴化锂吸收式	利用无机盐或有机物质提高冷水冰点，使盐水在较高温度下固化	1.便于各种冷水机组的原有空调系统进行改造 2.蓄冷制冷设备不需按双工况运行；机组运行的蒸发温度高，COP高	1.使用寿命短，约2500次，相变性能会逐渐衰减，同时会产生结晶； 2.单位容积的蓄冷量低于冰

5.3.2.4 盘管融水方式

盘管融冰方式有盘管外融冰和盘管内融冰两种，其各自的特点见表5-5：

表5-5 盘管融冰方式

融冰方式	定　义	特　点
盘管外融冰（图5-9）	盘管外融冰是由温度较高的回水或载冷剂，直接进入结满冰的盘管外贮槽内循环流动，使盘管外表面的冰层自外向内逐渐融化	融冰速度快，贮槽一般为开式，通常采用压缩空气鼓泡的方法加强冰水换热。盘管一般为钢制组装式蛇形盘管，贮槽为矩形钢制或混凝土结构两种
盘管内融冰（图5-10）	盘管内融冰是指从空调负荷端流回的温度较高的乙二醇水溶液进入盘管内流动并将管外的冰层自内向外融化	盘管外可以均匀冻结和融冰

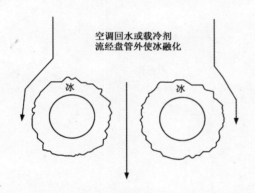
图5-9 外融冰释冷系统示意图

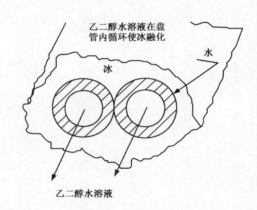
图5-10 内融冰的释冷过程示意图

5.3.2.5 几种常见蓄冰空调系统配置特点

（1）串、并联系统

根据制冷机与蓄冰装置的设置方式可分为串联系统和并联系统，其特点介绍参见表5-6。

表5-6 串、并联系统的特点介绍

冷机与冰槽连接方式	定　义	优　点	缺　点
串联系统	指制冷机与蓄冰装置串联布置，分主制冷机上游和制冷机下游系统两种形式，见图5-11，图5-12	1.可提供较大温差（≥7℃）供冷 2.出水温度易控制且运行稳定	系统温差较小时，溶液泵运行能耗较高
并联系统	并联系统是指制冷机与蓄冰装置并联设置，见图5-13	制冷机与制冰设备都处在高温段，均能较好地发挥各自的效率	管路及控制复杂，较适宜全蓄冷系统和温差小（5~6℃）的部分蓄冷系统

（2）制冷机上、下游系统

按串联系统中制冷机与蓄冰装置的位置次序分为制冷机上游和制冷机下游两种系统。其特点介绍见表5-7：

表5-7 蓄冰空调系统双工况主机上、下游优缺点介绍

制冷机在系统中的位置	定义	优点	缺点
制冷机上游系统	指制冷机处于高温端，而蓄冰装置处于低温端，适合融冰特性较理想的蓄冰装置或空调负荷平稳变化的系统	制冷机因进、出水温度较高，故运行效率较高且能耗较低	1.冰槽释冷温度和融冰效率均较低。对释冷的特性以及系统运行要求较高 2.系统出水温度控制复杂 3.蓄冷装置初投资大
制冷机下游系统	指制冷机处于低温端，而蓄冰装置处于高温端，适合融冰特性欠佳的蓄冰装置、封装式蓄冰装置	1.系统出水温度控制简单 2.对冰槽的释冷特性以及系统运行要求较低 3.蓄冷装置初投资小	制冷机因进、出水温度较低，故运行效率较低且能耗较高

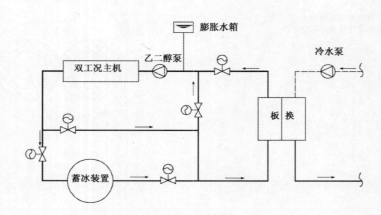

图5-11 制冷机上游串联系统

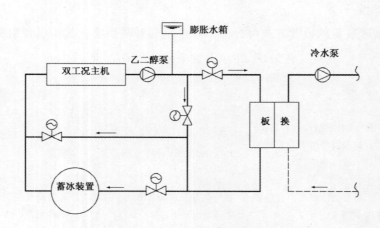

图5-12 制冷机下游串联系统

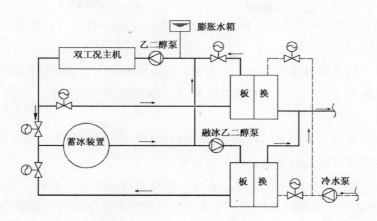

图 5-13 并联系统

5.3.2.6 冰蓄冷系统的运行策略

可分为制冷机优先和蓄冰装置优先,其各自的特点见表5-8。

表 5-8 制冷机优先和蓄冰装置优先运行策略特点

制冷主机与蓄冰装置的优先顺序	定 义	特 点
制冷机优先	空调负荷主要由制冷机供冷,不足部分用蓄冷装置补足	制冷机和蓄冷装置的容量相对较小,制冷机利用的效率较高,初投资较低 宜采用制冷机在下游的串联系统
蓄冰装置优先	以恒定的速度释放蓄冷装置冷量,不足部分由制冷主机补足,以满足空调负荷的需要	对市政电网"移峰填谷"的效果更显著,运行费用也更省 制冷机和蓄冷装置的容量与前者相比较大 宜采用蓄冷装置在下游的串联系统

5.4 相关标准、规范摘要及分析

5.4.1 标准规范目录

(1)《采暖通风与空气调节设计规范》GB 50019—2003
(2)《蓄冷系统的测试和评价方法》GB/T19412—2003
(3)《蓄冷设备》SB/T10343—2001

5.4.2 标准、规范摘要及分析

《采暖通风与空气调节设计规范》GB50019—2003 在 "7.5 蓄冷、蓄热" 中规定:

（1）在执行峰谷电价且峰谷电价差较大的地区，具有下列条件之一，经综合技术经济比较合理时，宜采用蓄冷蓄热空气调节系统：

1）建筑物的冷、热负荷具有显著的不均衡性，有条件利用闲置设备进行制冷、制热时；

2）逐时负荷的峰谷差悬殊，使用常规空气调节会导致装机容量过大，且经常处于部分负荷下运行时；

3）空气调节负荷高峰与电网高峰时段重合，且在电网低谷时段空气调节负荷较小时；

4）有避峰限电要求或必须设置应急冷源的场所。

（2）在设计与选用蓄冷、蓄热装置时，蓄冷、蓄热系统的负荷，应按一个供冷或供热周期计算。所选蓄能装置的蓄存能力和释放能力，应满足空气调节系统逐时负荷要求，并充分利用电网低谷时段。

（3）冰蓄冷系统形式，应根据建筑物的负荷特点、规律和蓄冰装置的特性等确定。

（4）蓄冰空气调节系统供水温度及回水温度，宜满足下列要求：

1）选用一般内融冰系统时，空气调节供回水宜为7~12℃；

2）需要大温差供水（5~15℃）时，宜选用串联式蓄冰系统；

3）采用低温送风系统时，宜选用3~5℃的空气调节供水温度，仅局部有低温送风要求时，可将部分载冷剂直接送至空气调节表冷器；

4）采用区域供冷时，供回水温度宜取3~13℃。

（5）水蓄冷蓄热系统设计，应符合下列规定：

1）蓄冷水温不宜低于4℃；

2）蓄冷、蓄热混凝土水池容积不宜小于100m³；

3）蓄冷、蓄热水池深度，应考虑到水池中冷热掺混热损失，在条件允许时宜尽可能加深；

4）蓄热水池不应与消防水池合用；

5）水路系统设计时，应采用防止系统中水倒灌的措施；

6）当有特殊要求时，可采用蒸汽和高压过热水蓄热装置。

5.5 水蓄冷空调系统设计及设备选用

5.5.1 蓄冷水池的确定

蓄冷水池宜采用分层法，也可采用多水槽法、隔膜法或迷宫与折流法。为了节省建筑面积和建筑空间，应尽可能将消防水池和蓄冷水池合用。

蓄冷水池的容积计算方法如下：

$$V = \frac{Q_s \cdot K_d}{\eta \cdot \rho \cdot \Delta t_2 \cdot c_p \cdot \varphi} \tag{5-1}$$

式中　　V——蓄冷水池容积，m^3；

　　　　Q_s——总蓄冷量，$kW \cdot h$；

　　　　K_d——冷量损失附加率，一般取 1.01～1.02；

　　　　η——水池容积率，一般取 0.96～0.99；

　　　　ρ——蓄冷水密度，取 $1000kg/m^3$；

　　　　Δt_2——蓄冷水池进出水温差，一般取 6～10℃；

　　　　c_p——水的定压热容量，$kW/(kg \cdot ℃)$；

　　　　φ——蓄冷水槽完善度，考虑放冷斜温层影响，一般取 0.9～0.95。

5.5.2　冷水机组的确定

水蓄冷系统所使用的制冷机组与常规制冷系统相同，可选用螺杆式、离心式等常规制冷机组。按照蓄冷模式的不同，其制冷量的计算方法如下：

（1）完全蓄冷方式：

$$q_c = \frac{Q \cdot K}{n_2} \tag{5-2}$$

式中　　q_c——冷水机组的制冷量，kW；

　　　　Q——设计日空调负荷总冷量，$kW \cdot h$；

　　　　K——冷量损失附加率，取 1.01～1.02；

　　　　n_2——晚间机组蓄冷运行时间，h。

（2）部分蓄冷方式：

$$q_c = \frac{Q \cdot K - Q_s}{n_1} \tag{5-3}$$

式中　　q_c——冷水机组的制冷量，kW；

　　　　Q——设计日空调负荷总冷量，$kW \cdot h$；

　　　　K——冷损失附加率，取 1.01～1.02；

　　　　Q_s——总蓄冷量，kW；

　　　　n_1——机组空调运行时间，h。

5.5.3　水蓄冷系统设备配置形式

水蓄冷系统设备配置形式通常有三种：a. 冷水机组在蓄冷水池下游的串联形式；b. 冷水机组在蓄冷水池上游的串联形式；c. 冷水机组与蓄冷水池的并联形式。通常串联形式仅在冷用户侧要求供冷温差较大的场合使用，相比之下，大多数水蓄冷空调系统采用并联方式。

5.6 冰蓄冷空调系统设计及设备选用

5.6.1 制冷机选择

冰蓄冷系统的制冷机通常需要在制备冷水和制冰两种工况下运行,因此要具有良好的稳定性和调节性能并在两种工况下均能达到较高的能效比。应按照工程规模大小和蓄冰装置的技术特点选用制冷机组。一般最常选用的是螺杆式制冷机,当制冷量较大时可选用离心式制冷机,工程较小时,也可用往复式制冷机。

5.6.2 蓄冰装置选择

蓄冰装置的分类及特点见 5.2, 5.3。

5.6.3 容量计算

冰蓄冷空调系统的冷负荷计算应在蓄冷-放冷周期内进行逐项逐时的冷负荷计算,并求得设计周期的空调总冷负荷(一般设计周期为一天)。

按照蓄冷模式的不同,双工况制冷机和蓄冷装置容量的计算方法如下:

(1) 全负荷蓄冷时,双工况制冷机和蓄冷装置容量确定:

1) 蓄冷装置有效容量:

$$Q_s = \sum_{i=1}^{24} q_i \tag{5-4}$$

2) 蓄冷装置名义容量:

$$Q_{so} = \varepsilon \cdot Q_s \tag{5-5}$$

3) 制冷机标定制冷量:

$$q_c = \frac{Q_s}{n_1 \cdot c_f} \tag{5-6}$$

式中 Q_s——蓄冷装置有效容量(kW·h);

q_i——建筑物逐时冷负荷;

Q_{so}——蓄冷装置有效容量(kW·h);

ε——蓄冷装置的实际放大系数(无因次);

q_c——制冷机标定制冷量(kW·h);

n_1——夜间制冷机在蓄冷工况下运行小时数(h);

c_f——制冷机蓄冷时制冷能力的变化率,即实际制冷量与标定制冷量的比值。

(2) 部分负荷蓄冷时,制冷机优先运行策略,即空调所需冷量主要由制冷机提供,不足部分由蓄冷装置补足,其双工况制冷机和蓄冷装置容量按下式计算确定:

1) 蓄冷装置有效容量:

$$Q_s = n_1 \cdot c_f \cdot q_c \tag{5-7}$$

2）蓄冷装置名义容量：

$$Q_{so} = \varepsilon \cdot Q_s \tag{5-8}$$

3）制冷机标定制冷量：

$$q_c = \frac{\sum_{i=1}^{24} q_i}{n_2 + n_1 \cdot c_f} \tag{5-9}$$

式中　n_2——白天制冷机在空调工况下运行小时数（h）。

(3) 部分负荷蓄冷时，蓄冰装置优先运行策略，即白天空调所需冷负荷主要由蓄冰装置来提供，不足部分由制冷机补足，其双工况制冷机和蓄冷装置容量按下式计算确定：

1）制冷机标定制冷量：

$$q_c = \frac{q_{max} \cdot n_2}{n_2 + n_1 \cdot c_f} \tag{5-10}$$

2）蓄冷装置有效容量：

$$Q_s = n_1 \cdot c_f \cdot q_c \tag{5-11}$$

3）蓄冷装置名义容量：

$$Q_{so} = \varepsilon \cdot Q_s \tag{5-12}$$

4）蓄冷装置的平均释冷量：

$$\bar{q}_c = \frac{Q_s}{n_2} \tag{5-13}$$

式中　q_{max}——空调系统的最大小时冷负荷（kW）。

(4) 蓄冰装置在制冰蓄冷时，不能同时进行融冰供冷；且谷电时段采用蓄冰装置供冷，比用制冷机供冷更耗能，不经济。因此当系统在蓄冷时段仍须供冷时，宜另设直接向空调系统供冷的制冷机——基载主机，且与蓄冷系统并联设置；当所需冷量较少时，也可不设基载主机，由蓄冷系统同时蓄冷和供冷，见图5-14。

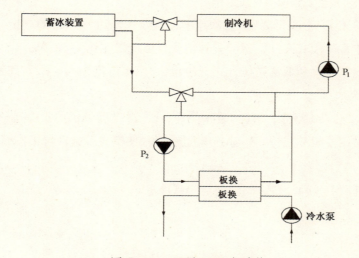

图5-14　双循环回路系统

5.6.4 冰蓄冷空调系统设备配置方式选择

（1）双工况制冷机与蓄冰装置并联系统宜用在全负荷蓄冷和温差较小（5~6℃）的部分负荷蓄冷系统，但后者的流量和温度控制较为复杂。

（2）制冷机在上游的串联系统，因有较高的回液温度，制冷机可以获得较高的运行效率，并可充分利用冰的低温能量。当采用蓄冰装置优先的运行策略时，蓄冷装置入口的流量和温度稳定，控制简便，运行可靠。

（3）蓄冷装置在上游的串联系统，因有较高回液温度，蓄冷装置的融冰速率较高，且制冷机的出口温度稳定，宜用于融冰性能较差的蓄冷装置。当采用制冷机优先的运行策略时，制冷机也可获得较稳定的入口温度。但因较低的进液温度，制冷机的蒸发温度随之降低，因而影响制冷效率。一般每降低1℃蒸发温度，制冷量会衰减2%~3%。

5.7 工程实例

5.7.1 上海科技城冰蓄冷系统介绍

5.7.1.1 建筑概况

上海科技城位于浦东花木行政文化中心，总建筑面积9.8万m^2，该项目是上海市政府投资的重大文化项目，是集展示与教育、科技与交流、收藏与制作、休闲与旅游于一体的科普基地。科技城的设计日空调尖峰冷负荷为3400RT（11955kW），为了降低中央空调的白天用电峰值，降低空调的运行费用，中央空调冷源设备采用冰蓄冷装置。

5.7.1.2 系统设备配置及技术参数

（1）常规制冷机形式：1台200USRT水冷螺杆式冷水机组。

（2）双工况制冷机：4台550USRT水冷螺杆式冷水机组。

（3）蓄冰装置：10套不完全冻结式盘管蓄冰槽，蓄冷容量约为9240RT·h。

（4）系统按照分量蓄冷模式设计，蓄冷量与空调日负荷之比约为32.7%。

（5）空调采用大温差供水和低温送风方式，冷水供/回水温度为4.5℃/14.5℃。

5.7.1.3 运行工况

本系统的运行可实施：a. 蓄冰；b. 单融冰供冷；c. 制冷机单供冷；d. 制冷机与融冰串联供冷；e. 夜间蓄冰，同时制冷机单供冷；f. 系统关闭待用六种模式。这六种工作模式中乙二醇水溶液在系统中的流程见图5-15：

在上述几种工作模式中各种设备、阀门的启闭程序见表5-9。

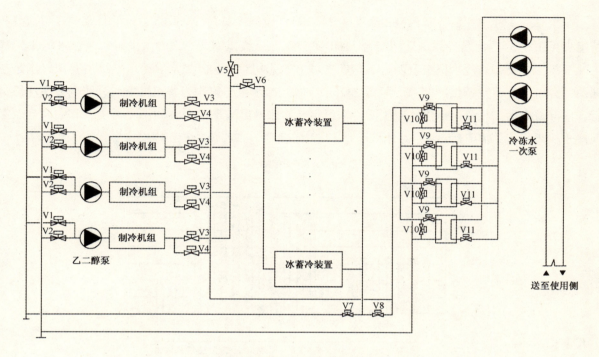

图 5-15 不同工作模式的流程图

表 5-9 设备及阀门的启闭程序

运行模式	主机	溶液泵	冷冻水泵	V1	V2	V3	V4	V5	V6	V7	V8	V9	V10	V11
蓄冰	开3台	开4台	关	开	关	开	关	开	开	开	关	关	关	关
融冰供冷	关	开	开	关	开	关	开	互调		关	开	开	关	开
制冷机供冷	开	开	开	开	关	开	关	关	关		关	开	关	开
主机融冰串联供冷	开	开	开	关	开	关	开	互调		关	开	关	关	开

注：

①夜间蓄冰，同时制冷机空调供冷时的启闭情况，同上表蓄冰＋制冷机供冷，其中空调供冷的制冷机开1台，相应的泵、板换和阀门也开一套。

②当空调负荷变化时，冷冻水泵作台数控制，当冷冻水泵关闭时，对应的板换初级侧 V9 关、V10 开（旁通），次级侧 V11 关，使乙二醇管路中的流量稳定；反之，V9 开，V10 关、V11 开。

5.7.2 北京国际贸易中心二期冰蓄冷工程简介

5.7.2.1 建筑概况

北京国际贸易中心二期工程是北京最具规模、配套设施最为先进的综合性商务中心。工程建筑面积约 120000m^2，包括一座高层办公楼及商业裙楼。办公楼共37层，标准层面积约 2070 m^2。裙楼共4层，主要为商场。

5.7.2.2 设计说明

国贸二期工程空调设计日最高冷负荷为3720RT，夜间冷负荷为350RT，设计日空调冷负荷分布情况参见图5-16。冰蓄冷系统选用二台1120RT双工况三级压缩离心式冷水机组，一台400RT常规工况三级压缩离心式冷水机组及两台500RT吸收式冷水机组。400RT常规冷水机组主要用以满足夜间及部分过渡季节空调供冷需求。两台500RT吸收式冷水机组仅作为备用机组或只在电力高峰段运行，以降低电力高峰段用电量。双工况冷水机组及蓄冰槽可满足白天空调供冷需求，其中两台双工况冷水机组承担2240RT负荷，蓄冰槽承担1480RT负荷，占峰值负荷40%。

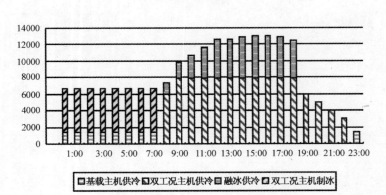

图5-16 设计日空调冷负荷分配图

国贸二期工程低层空调供回水温度为6℃/12℃，冰蓄冷系统乙二醇水溶液供回液温度为3.4℃/10.8℃。系统中设有1240RT板式换热器三台，将双工况冷水机组及蓄冰槽提供的冷量传递到二次侧冷冻水中。蓄冰系统采用串联系统，冷水机组下游形式，见图5-17。白天供冷时，从板式换热器回来的温热乙二醇水溶液先经过蓄冰装置冷却后，再经过双工况冷水机组冷却到空调负荷要求的温度。供冷时蓄冰槽与双工况冷水机组相互配合运行。系统中蓄冰换热器、双工况冷水机组和板式换热器皆设有旁通回路，可实现蓄冰槽单独融冰供冷、双工况冷水机组单独供冷、蓄冰槽与双工况冷水机组联合供冷等不同模式，见表5-10。串联系统冷水机组下游形式可最大限度提高蓄冰槽的效率，利用有限的筏基空间蓄存最大冰量，并可保证冷冻水二次侧具有稳定的供水温度。

表5-10 国贸二期蓄冰系统运行模式

工况	运行模式	主机台量	冰槽数量	板换数量	水泵数量
蓄冰	双台	2	3	0	2
	单台	1	3	0	1
主机供冷	双台	2	0	2	2
	单台	1	0	1	1
融冰供冷	模式1	0	3	1	1
	模式2	0	3	2	2
联合供冷	模式1	1	3	1	1
	模式2	1	3	2	1
	模式3	2	3	2	2
	模式4	2	3	3	3

蓄冰设备采用蓄冰换热片1268片，共分48组，安置于机房下方的建筑物筏基内。筏基位于冷水机房下方，分为三个区，每个区域长度17.2m，宽度分别为14.2m、9.4m、17.1m，筏基内净高2.4m。三个分区分别放置16组、12组、20组蓄冰换热器。每一分区上方预留长1.5m、宽0.6m的检修孔，供设备及检修人员出入。蓄冰槽结构为内保温，自蓄冰槽向外的结构组成分别为：玻璃钢防水层、聚氨酯保温层、防水粉刷层、钢筋混凝土层。本工程充分利用建筑物闲置空间，放置蓄冰换热器，大量节省了蓄冰空调制冷机房的占地面积。

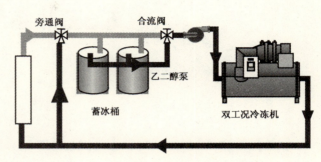

图5-17 冰蓄冷系统工作原理示意图

5.7.2.3 设备选型汇总（见表5-11）

表5-11 设备选型汇总表

（1）双工况冷水机组 数量：两台 空调工况　制冷量：1120RT　　　　　　　　　　　蓄冰工况　制冷量：720RT 效率：　0.662kW/RT　　　　　　　　　　　　　　效率：0.746kW/RT 冷冻水流量：817m³/h　　　　　　　　　　　　　　冷冻水流量：817m³/h 冷却水流量：810m³/h　　　　　　　　　　　　　　冷却水流量：810m³/h
（2）完全冻结式蓄冰换热器 数量：共1268片，分三个区域放置 性能参数：公称潜热容量13000RTh，设计日融冰量11440RTh 蓄冰换热器分置于三个槽中：南槽：540片，对应流量：193L/s 　　　　　　　　　　　　　中槽：296片，对应流量：106L/s 　　　　　　　　　　　　　北槽：432片，对应流量：155L/s 潜热容量：10.4RTh，有效传热面积：15.2 m²，乙烯乙二醇溶液量：22升 每片重量：38.5kg/片，最高运行温度：38℃，最大运行压力：0.62MPa
（3）板式换热器 数量：3台 性能参数：制冷量：1240RT 冷侧：压降：65kPa 冷冻水流量：545m³/h 进水温度：10.8℃ 出水温度：3.4℃ 热侧：压降：80kPa 冷冻水流量：625m³/h 进水温度：12.0℃ 出水温度：6.0℃	（4）乙二醇水溶液泵 数量：3台(其中一台为变频泵) 性能参数：流量：817m³/h 扬程：460kPa 转速：1450r/min 工质：25%乙二醇水溶液 电机功率：150kW 额定电流：227A
（5）水泵 双工况冷水机组冷冻泵3台，流量818m³/h，扬程4.5MPa； 双工况冷水机组冷却泵3台，流量818m³/h，扬程3.5MPa； 电制冷冷水机组冷冻泵2台，流量201m³/h，扬程3.0MPa； 电制冷冷水机组冷却泵2台，流量338m³/h，扬程2.5MPa； 负载泵4台，流量622m³/h，扬程3.2MPa

6 蓄热系统及设备

6.1 概述

蓄热设备是利用特定的装置，采用某种蓄能方式或蓄能材料将暂时不用或多余的热量蓄存起来，需要时再将此热量释放出来的一种设备。常见的蓄热系统有电蓄热系统、太阳能蓄热系统以及余（废）热蓄热系统等。

6.2 分类及特点

蓄热系统按其蓄热装置形式、热源形式、蓄热介质及用热系统的不同，有多种分类，具体介绍如下：

6.2.1 按照热源形式划分的蓄热系统

按照热源形式的不同通常有电能蓄热、太阳能蓄热和余（废）热蓄热之分，各自的原理及特点介绍见表6-1。

表6-1 按热源形式划分的蓄热系统

分类	原理	优点	缺点
电能蓄热系统	在电力低谷电期间，利用电作为能源来加热蓄热介质，并将其储藏在蓄热装置中；在用电高峰期间将蓄热装置中的热能释放出来满足供热需要	1.平衡电网峰谷负荷差,减轻电厂建设压力； 2.充分利用廉价的低谷电，降低运行费用； 3.系统运行的自动化程度高； 4.无噪声,无污染,无明火,消防要求低	1.受电力资源和经济性条件的限制，系统的采用需进行技术经济比较； 2.须设置必要的自控系统
太阳能蓄热系统	太阳能蓄热可弥补太阳能的间隙性和不可靠性的缺陷，是有效利用太阳能的重要手段。太阳能蓄热系统利用集热器吸收太阳辐射能转换成热能，将热量传给循环工作的介质，如水，并储藏起来	1.清洁、无污染,取用方便； 2.节约能源； 3.安全	1.集热器装置大； 2.应用受气候条件和地区限制
工业余热或废热蓄热系统	利用余热或废热通过换热装置蓄热，需要时释放热量	1.可缓解热能供给和需求失配的矛盾； 2.价廉	用热系统受热源的品位、场所等限制

6.2.2 按照蓄热介质划分的蓄热系统

按照蓄热介质的不同,通常分水蓄热、相变材料蓄热和蒸汽蓄热,各自的原理及特点介绍见表6-2:

表6-2 按蓄热介质划分的蓄热系统

分 类	原 理	优 点	缺 点
常温水蓄热	将水加热到一定的温度(通常为90~95℃),使热能以显热的形式储存在水中;当需要用热时,将其释放出来满足用热需要	1.方式简单; 2.清洁、成本低廉	1.蓄能密度较低,蓄热装置体积大; 2.释放能量时,水的温度发生连续变化,需采用自控技术来达到稳定的温度控制
相变材料蓄热	蓄热用相变材料一般为共晶盐,利用其凝固或溶解时释放或吸收的相变热进行蓄热。适用于建筑物供暖及空调用的有关相变蓄热材料有 $CaCl_2 \cdot 6H_2O$,$Na_2SO_4 \cdot 10H_2O$ 等	1.蓄热密度高,装置体积小; 2.释放能量时,可以在稳定的温度下获得热能	1.价格较贵; 2.须考虑腐蚀、老化等问题
蒸汽蓄热	利用水的汽化潜热原理蓄热。蓄热时高压蒸汽贮入高温水蓄热器,放出热量;用热时降低出口压力,水转化为相对低压蒸汽供用	单位体积蓄热量较大,减少储热罐体积和占地面积	1.须采用高温高压装置,造价高; 2.安全保护和自控系统复杂

6.2.3 按照用热系统划分的蓄热系统

按照用热系统的不同,通常分蓄热采暖系统、蓄热空调系统和蓄热生活热水系统,其各自的特点见表6-3:

表6-3 按用热系统划分的常用蓄热系统

分 类	热 水 参 数
蓄热采暖系统	采暖系统的供回水温度一般采用95℃/70℃;高温蓄热温度约130℃
蓄热空调系统	空调系统的供回水温度一般采用60℃/50℃;一般蓄热温度为90~95℃,也可采用高于100℃的高温蓄热系统
蓄热生活热水系统	生活热水供水温度一般为60~70℃;若采用蓄热罐直接供热,一般蓄热温度等于供水温度,也可采用较高的蓄热温度,利用换热器换热或混入较低温度的水后供热

6.2.4 电加热水蓄热系统及设备

电加热水蓄热系统是指在电力低谷电期间,以水为介质将电热锅炉产生的热量储存在蓄热装置中,适时供应给用热设备的系统。电加热水蓄热系统主要由电热锅炉和蓄热装置组成。按蓄热模式的不同，系统可分为全负荷蓄热和部分负荷蓄热；按系统流程的不同，可分为并联系统和串联系统；按蓄热温度的不同，系统可分为常压系统和高温系统。

6.2.4.1 电热锅炉

（1）电阻式

电流通过电热器中电阻丝产生热量，电阻丝放置在紫铜或镍基合金套管中，套管中充满氧化镁绝缘物。电热管如图6-1所示。

图6-1 电热管

这种电阻式电热转换元件的优点是结构简单，同时由于是纯电阻型，在转换中没有损失。所以，这种形式的电热管被普遍用于电热锅炉中。

（2）电磁感应式

利用电流通过带有铁芯的线圈产生交变磁场，在不同的材料中产生涡流电磁感应而产生热量。这种转换方式由于存在感抗，转换中产生无功功率，功率因数小于1，一般用在较小容量的电热设备上。

（3）电极式

利用电极之间介质的导电电阻，在电极通电时直接加热介质本身。这种形式多用于冶炼金属行业，在电锅炉中较少采用。

6.2.4.2 蓄热装置

常见的蓄热装置有迷宫式、隔膜式、多槽式和温度分层式，类型及原理同水蓄冷水槽，详见5.2.2。

6.2.4.3 水蓄热系统

（1）蓄热模式

电水蓄热蓄热模式可分为全负荷蓄热和部分负荷蓄热两种。全负荷蓄热是将空调、采暖等所需的全部热量，在低谷电时段开启电锅炉储存在蓄热装置中，在非低谷电时段全部通过蓄热装置供热，电锅炉不开启；部分负荷蓄热是将空调、采暖等所需的部分热量，在低谷电时段开启电锅炉储存在蓄热装置中，在非低谷电时段由电锅炉和蓄热装置联合供热。

（2）系统流程

电水蓄热系统的流程一般有并联和串联两种流程，其原理及特点如下，见表6-4。

（3）蓄热温度

根据电水蓄热系统的蓄热温度高低不同，可分为高温蓄热和常压蓄热，其原理及特点介绍参见表6-5。

表6-4 电锅炉蓄热并联和串联流程的分类及特点

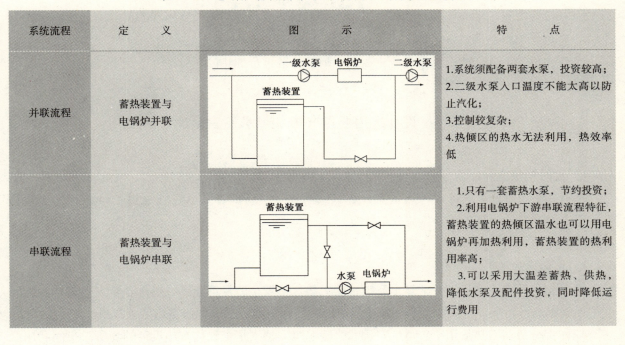

系统流程	定 义	图 示	特 点
并联流程	蓄热装置与电锅炉并联		1.系统须配备两套水泵,投资较高; 2.二级水泵入口温度不能太高以防止汽化; 3.控制较复杂; 4.热倾区的热水无法利用,热效率低
串联流程	蓄热装置与电锅炉串联		1.只有一套蓄热水泵,节约投资; 2.利用电锅炉下游串联流程特征,蓄热装置的热倾区温水也可以用电锅炉再加热利用,蓄热装置的热利用率高; 3.可以采用大温差蓄热、供热,降低水泵及配件投资,同时降低运行费用

表6-5 高温蓄热和常压蓄热的对比

类 型	优 点	缺 点	适用场所
高温蓄热	1.可以供应温度较高的热水,可满足不同功能需求; 2.单位体积蓄热量大,可减小储热罐体积; 3.降低了水泵等设备及管道投资,运行费用低廉	1.蓄热装置有压,加工要求高; 2.自动控制和安全保护系统复杂; 3.初投资较高	采暖系统 空调系统
常压蓄热	1.在常压下工作,蓄热装置加工要求一般; 2.控制和保护系统要求相对较低; 3.初投资较低	1.蓄热和保热温差有限,运行费用较高; 2.单位体积蓄热量较小,蓄热装置体积较大	空调系统和生活热水系统

6.3 标准规范摘要及分析

《公共建筑节能设计标准》GB50189-2005 第5章"采暖、通风和空气调节节能设计"中规定:除了符合下列情况之一外,不得采用电热锅炉、电热水器作为直接采暖和空气调节系统的热源:

(1) 电力充足、供电政策支持和电价优惠地区的建筑;

(2) 以供冷为主,采暖负荷较小且无法利用热泵提供热源的建筑;

（3）无集中供热与燃气源，用煤、油等燃料受到环保或消防严格限制的建筑；
（4）夜间可利用低谷电进行蓄热，且蓄热式电锅炉不在日间用电高峰和平段时间启用的建筑；
（5）利用可再生能源发电地区的建筑；
（6）内、外区合一的变风量系统中需要对局部外区进行加热的建筑。

6.4 设计选用要点（电加热水蓄热系统）

6.4.1 逐时热负荷的计算

水蓄热系统设计需进行逐时热负荷计算，采用相关的负荷计算软件或通过单位面积指标法估算，得出设计日的日总负荷及负荷分布情况。

6.4.2 蓄热模式选择

（1）全负荷蓄热适用于生活热水系统，全天热负荷较小的建筑和峰谷电价差较大的地区。夜间利用低谷电进行蓄热，日间用电高峰和平段时间所需的供热负荷全部由蓄热装置提供。

（2）部分负荷蓄热适用于舒适性空调和采暖系统，特别是全天均有热负荷的场所。夜间利用低谷电进行蓄热，日间的空调负荷由蓄热装置和电热锅炉共同承担，因此，采用这种蓄热形式还符合下列条件之一：

1）电力充足、供电政策支持和电价优惠地区的建筑；
2）无集中供热和燃气源，用煤、油等燃料受到环保或消防严格限制的建筑；
3）利用可再生能源发电的建筑。

6.4.3 电热锅炉的选用

在安全、经济和合理的原则下，优先采用国家推广的节能环保新产品，电锅炉平均运行热效率不低于94%。

（1）全负荷蓄热模式的电锅炉功率

$$N = \frac{Q_h \cdot k \cdot \eta}{n_1} \tag{6-1}$$

式中　　N——电锅炉功率，kW；

Q_h——日总热负荷（一般采用热负荷乘以采暖时间），kW·h；

n_1——晚上蓄热时间（一般为当地的低谷电时间），h；

k——热损失附加率，一般取1.05～1.10；

η——电锅炉的热效率。

（2）部分负荷蓄热模式的电锅炉功率

$$N = \frac{Q_h \cdot k \cdot \eta}{n_1 + n_2} \tag{6-2}$$

式中 n_2——白天采暖时间，h。

6.4.4 蓄热装置的选用

蓄热装置的设计应考虑不同温度水的混合、死水空间和储存效率等问题。蓄热装置的能源利用率不宜低于90%。蓄热装置目前最常用的有迷宫式、隔膜式、多槽式和温度分层式，其中温度分层式由于其结构简单、投资及维护费用低等特点，应用最为广泛。

蓄热装置有效容积计算方法如下：

$$V = \frac{N \cdot n_2 \cdot \eta \cdot 0.86}{\Delta T} \tag{6-3}$$

式中 V——蓄热装置的有效容积，m^3；

ΔT——蓄热温差，℃；可按照表6-6取值。

6.4.5 换热器的选用

一般蓄热系统与用热系统往往须通过热交换器进行水力隔离。蓄热系统中常采用板式换热器以提高系统的效率。板式换热器的换热量取采暖或空调尖峰热负荷，热水二次侧（末端侧）供回水温度根据系统需求选取，热水一次侧（蓄热侧）供回水温度选取见表6-6。

表6-6 蓄热温差取值

用 途	蓄热温度/℃	末端供回水温度/℃	蓄热热水供回水温度/℃	蓄热温差/℃
空调系统	90	60/50	90/55	35
	130	60/50	130/55	75
散热器采暖系统	130	95/70	130/75	55

6.4.6 水泵的选用

（1）蓄热循环水泵选用时应特别注意水泵的工作温度，采用专门的热水泵；

（2）在满足加热要求的前提下，宜减小系统的循环量，以减少水泵能耗；

（3）在高温蓄热系统中，应采取防止水泵因入口温度过高而产生汽化的技术措施；

（4）蓄热系统应采用系统变流量和水泵转速控制技术。

7 建筑热电（冷）联产系统及设备

7.1 概 述

建筑热电（冷）联产（BCHP, Building Cooling Heating & Power）系统是一种建立在能量梯级利用概念基础上，根据能量品位高低进行分级利用，采用热电联产机组，加上直燃机、吸收式制冷机或余热锅炉，直接向建筑物或小规模建筑群供电、供冷、供热（采暖和生活热水）的系统。

7.2 系统组成及特点

建筑热电（冷）联产系统通常包括动力系统、热利用系统、制冷系统、水处理系统及控制系统等。各主要组成系统的特点介绍如下：

7.2.1 动力系统（发电）

小型建筑热电（冷）联产系统的动力装置通常有：微型燃气轮机、内燃机、外燃机和燃料电池等。其中燃气轮机因为其功率范围广，效率高，目前已有了很大的发展；燃料电池作为一个新兴的能源，由于效率高、污染低，它的研发得到世界各国的重视。

7.2.1.1 微燃机发电机组

通常把单机功率范围在25～300kW的小型燃气轮机称为微燃机，将微燃机与发电机组组合成一体的机组，称为微燃机发电机组。其发电效率高，带热回收器的机组效率为26%～30%；尺寸小，重量轻，振动小，噪声轻；适用燃料范围广，污染小；设备费用较高。

7.2.1.2 内燃机

燃气内燃机将燃料与空气注入气缸混合压缩，点火后引其爆燃做功，推动往复运行，驱动发电机发电。燃气内燃机发电效率较高，设备投资较低，但余热回收复杂，余热品质较低。

7.2.1.3 外燃机

外燃机又称热气机，是一种外燃的闭式循环往复式热力发动机。可以氮、氢、氦或空气作工质，冲入气缸中，气缸一端为热腔，一端为冷腔。工质在冷腔中压缩，流到热腔中迅速被加热，膨胀做功，工质不参与燃烧。燃料在气缸外的燃烧室内连续燃烧，热量传给工质。避免了传统内燃机的振爆做功，发电效率高于相同容量的内燃机；燃料可使用气体（天然气、沼气、煤气等）、液体燃料（柴油、液化石油气），也可利用太阳能。

7.2.1.4 燃料电池

燃料电池是由燃气、石油等化学能，经过电化学反应直接转化为电能，可省去传统热电联产系统中锅炉、燃气轮机和发电机等中间环节,其能量转化效率高,避免了中间转换环节上的能量损失,对环境污染小,在建筑中使用方便。但其价格昂贵,燃料要求高。燃料电池目前在国内还处于研发阶段。

建筑热电（冷）联产中使用的燃料电池种类有：磷酸型燃料电池、熔融碳酸型燃料电池、固体氧化物燃料电池,其主要特性见表7-1:

表7-1 建筑用燃料电池的种类及特性

燃料电池形式	主要特性				
	电解质	适用燃料	氧化剂	运行温度/℃	发电效率/%
磷酸型	磷酸	天然气、氢	空气	190	37~42
熔融碳酸型	锂和碳酸钾	天然气、煤气、沼气	空气	650	>50
固体氧化物	固体陶瓷	天然气、煤气、沼气	空气	1000	50~65

7.2.2 热利用系统（供热）

在建筑热电（冷）联产系统中,热利用系统也是一个重要环节。在民用建筑中,可利用排热的主要是空调采暖设备和给排水卫生设备。建筑物热电联产排热利用形式见表7-2。

表7-2 建筑热电（冷）联产排热利用形态

		排热利用					
		空调设备				卫生设备	
		供冷用冷水	采暖用冷水	蒸汽		供热水	供蒸汽
				采暖用	加湿用		
热水	低温水(80~85℃)	1)单效吸收式制冷机 2)吸附式制冷机	1)板式换热器 2)螺旋管式换热器	—	—	1)热水储槽加热 2)给水预热	—
蒸汽	低压表压 0.1MPa	单效吸收式制冷机	管壳式换热器	直接利用	直接利用	1)热水储槽加热 2)给水预热	直接利用
	高压表压 0.8MPa	双效吸收式制冷机	管壳式换热器	直接利用(减压到表压0.2MPa)	1)直接利用(减压到表压0.2MPa) 2)干蒸汽加湿器	1)热水储槽加热 2)给水预热	1)直接利用 2)蒸汽加热器

7.2.3 制冷系统（制冷）

制冷系统目前选用最多的是吸收式制冷机组,主要有溴化锂吸收式和氨吸收式两种。溴化锂吸收式机组由于制冷剂的限制，其制冷温度不能低于5℃，因此多用于小型BCHP机组中；而氨制冷机组由于制冷温度范围较大，且可利用低品位的热能，技术成熟，因此在大型系统中应用较多。同时，为适应目前热电冷联产系统生产的电力"自发自用"的原则，系统还应设置一定容量的电制冷机，如离心式、螺杆式制冷机组。

7.3 有关热电（冷）联产的相关政策、规定

我国政府历来鼓励发展热电联产，在《大气污染防治法》、《节约能源管理暂行条例》、《节能技术政策大纲》、《节能法》等文件中，都明确提出要鼓励发展热电（冷）联产。

《中华人民共和国节约能源法》第三十九条指出："国家鼓励发展下列通用节能技术：推广热电联产、集中供热，提高热电机组利用率，发展热能梯级利用技术，热、电、冷联产技术和热、电、煤气三联供技术，提高热能综合利用率。为了贯彻《中华人民共和国节约能源法》中关于"国家鼓励发展热电联产、集中供热、提高热电机组利用率"的规定，国家计委、国家经贸委、国家环保局、建设部联合对原《关于发展热电联产的若干规定》进行补充和修订并出台1268号文《关于发展热电联产的规定》，再一次规范了发展热电联产的政策、要求及衡量热电联产的主要技术指标。

《规定》中指出，各类热电联产机组应符合下列指标：

（1）供热式汽轮发电机组的蒸汽流为既发电又供热的常规热电联产，其总热效率年平均大于45%；单机容量在50MW以下的热电机组，其热电比年平均应大于100%；单机容量在50~200MW以下的热电机组，其热电比年平均应大于50%；单机容量200MW及以上抽汽凝汽两用供热机组，采暖期热电比应大于50%。

（2）燃气-蒸汽联合循环热电联产系统包括：燃气轮机+供热余热锅炉、燃气轮机+余热锅炉+供热式汽轮机，其总热效率年平均大于55%；各容量等级燃气-蒸汽联合循环热电联产的热电比年平均应大于30%。

（3）供热锅炉单台容量20t/h及以上者，热负荷年利用大于4000h，经技术分析论证具有明显经济效益的，应改造为热电联产。

（4）总效率计算方式

总热效率 = （供热量 + 供电量×3600kJ/kW·h）/（燃料总消耗量×燃料单位低位热值）×100%

（5）热电比计算方式

热电比 = 供热量/（供电量×3600kJ/kW·h）×100%

7.4 设计选用要点

（1）热电冷联产系统应遵循"分配得当、各得所需、温度对口、阶梯利用"的原则进行电力生产、供冷、供热设备的配置。

（2）一般来说，热电冷联产容量的决定，通常是以热定电，即根据冷（热）负荷确定发电机组容量；运行时由发电量决定产热量，即在充分发挥发电能力的同时，充分利用余热，从而做到系统的优化配置。

（3）发电量与用电量矛盾时，可以用市电补充；冷量不足也用市电制冷等其他制冷方式补足；热量不足时可用锅炉、热泵等辅助方式解决。因此须从冷热负荷的典型日曲线中找出基础负荷的值，从而决定合适的发电机容量。

（4）发电装置类型的选择应根据热电冷联产系统的规模、燃气供应压力、冷热电负荷及其变化情况、一次能源利用率或节能率等进行比较后确定。通常为了提高一次能源利用率，宜选用发电效率较高的发电装置。

（5）余热回收利用装置的选用，应根据发电装置的类型，具体供热、供冷需求和冷热负荷及其变化情况，经技术经济比较后确定。通常采用微燃机时，宜采用烟气吸收式冷热机组或换热装置与热水型吸收式制冷机组合；采用内燃机时，宜采用热水型吸收式制冷机或烟气型吸收式制冷机。余热吸收式制冷机的能效系数应满足本手册第三章"溴化锂吸收式机组表3-5"中的规定。

（6）为了充分利用余热或均衡发电装置的电力，提高系统的经济效益，经技术经济比较后可在某些建筑的热电冷联产系统中采用相应的蓄冷、蓄热装置。如公共建筑所需的生活热水供应、医院的消毒用蒸汽等，都可采用一定容量的蓄热装置。

（7）由于热电冷联产系统所生产的电力大都自发自用，不参与市政电网售电。因此在根据热电冷联产系统的规模和充分利用余热制冷的原则下，为提高经济效益，系统中应设置一定容量的市电制冷机组。电制冷机组的能效系数，应满足本手册第一章"电动蒸汽压缩式冷水机组表1-8"中的规定。

7.5 典型项目

上海浦东国际机场一期能源中心

浦东国际机场一期能源中心采用集中供冷、供热。其中基础负荷采用热、电、冷三联供技术，发电供能源中心自用，余电在机场内部10kV电网上使用。追从负荷由市电供应，有4台14000kW离心式制冷机，通过离心式制冷机组和溴化锂吸收式制冷机组组合来供冷，余热参加辅助锅炉联供，组成机场范围的集中供冷、供热系统。

机场能源中心三联供系统配置主要设备如下：

(1) 1台额定功率4000kW的燃气轮机发电机组；

(2) 2台蒸汽双效吸收式制冷机组，制冷量5200kW（1500RT/台）；

(3) 2台电动离心式制冷机组，制冷量4200kW（1200RT/台）；

(4) 1台蒸汽额定蒸发量9.7t/h（表压0.9MPa）的饱和蒸汽余热锅炉。

工作流程：

燃气轮机发电机组运行时，产生的电能通过10.5kV主变压器，一路送到机场35kV航飞变电站，向Ⅰ段Ⅱ段母线所带的用户供电，Ⅰ段母线还与城市电网并联运行；另一路向机场能源中心Ⅲ段母线所带设备供电，还向400VⅣ段母线的设备供电。

余热锅炉产生的饱和蒸汽［与燃气（燃油）辅助锅炉的参数相同］冬季通过分汽器向用户供汽，夏季作为溴化锂吸收式制冷机组动力汽源来制冷。

由燃气轮机发电机组发电供2×4200kW（1200RT）离心式电制冷机组产生冷水和由余热锅炉+燃气（燃油）锅炉供汽的2×5200（1500RT）溴化锂吸收式制冷机组产生冷水+由市电驱动的4×14000（4000RT）的离心式冷水机组产生的冷水，通过分水器向用户供冷。

8 综合案例分析

8.1 电制冷与溴化锂机组组合应用

8.1.1 工程概况

上海万达商业广场是大连万达集团在上海投资的首个项目,总建筑面积34万m^2,设计冷负荷53057kW。该综合性商业广场体量大、业态齐全、商业氛围浓厚、商业设施完备。针对上海万达广场的特殊使用工况,业主与设计单位最终选用了电制冷和溴化锂机组组合运用方案,冷热源主机配置采用制冷量3164kW的开利19XR900离心式冷水机组6台,制冷量2813kW的19XR800×2台,制冷量2637kW的19XR750×3台,制冷量2321kW、制热量1648kW的开利燃气型溴化锂机组16DNH×4台,制冷量2813kW、制热量2260kW的16DNJ×4台。该项目利用峰谷电力差价及天然气的季节差价,灵活选用低价格能源运行,降低运行成本,同时可以规避单一能源结构的应用风险,并在一定程度上降低初投资。

8.1.2 系统特点

电制冷和溴化锂机组组合运用。公共建筑节能设计标准(GB 50189-2005)5.4.1.4项提到:"具有多种能源(热、电、燃气)的地区,宜采用复合式能源供冷、供热技术。"选用电制冷机组(以电为能源)和溴化锂机组(以天然气或蒸汽为能源)组合运行,为系统提供了选择两种能源的可能性。该方案可以利用电力与天然气价格上的差别,及夏季电力供应紧张而天然气相对充裕的特点,在用电高峰期采用溴化锂机组制冷,用电低谷期采用电制冷,电制冷机组以电能为驱动能源,溴化锂吸收式制冷机组以蒸汽或燃油燃气热能为机组驱动能源,这样既可规避使用单一能源结构的风险,也可以灵活选用低价格能源运行,降低运行成本。同时,由于削峰填谷的功效,大大降低了电制冷机组的装机容量,减少了输配电需求与电网冲击,在一定程度上降低初投资。

溴化锂吸收式机组与电制冷机组组合运行,可以实现机组运行的最优化,组合通常有三种模式:双级串联组合运行、并联组合运行与热电冷联产组合运行。1)吸收式制冷机组与电制冷机组双级串联组合运行可以为空调系统提供低温大温差空调冷冻水,为低温大温差送风空调系统的节省投资创造了条件;2)并联组合运行,利用峰谷电力差价,将吸收式制冷机和压缩式制冷机划分各自的运行时段,降低运行费用、灵活选用能源,冬季利用直燃机供热,夏季还可以供冷,冷机配置不足部分用电冷机补足,可以节约设备投资与机房体积;3)热电冷联产是由燃气轮机(也称热电联产装置)产生的电力供给压缩式制冷机制冷,燃气轮机排出的尾气余热温度高达500~600℃,可供余热锅炉生产蒸汽,供蒸汽型溴化锂吸收式制冷机制冷,达到能源综合利用的目的。

图8-1是"制冷机组工作范围示意图"的一种方式，表示了该图两种类型的制冷机组利用峰谷电差价在不同时间段内的运行情况。每日凌晨1~6时及半夜23~24时为用电低谷期，谷时电价相对低廉，在此时段内采用电制冷较为经济，因此为离心式制冷机组的工作范围。每日7~22时为用电高峰期，峰时电价相对较高，故在此时段采用溴化锂直燃式制冷机组负担基础冷负荷，供冷不足时用离心式制冷机组补充。这样，电制冷和溴化锂机组组合运用，溴化锂直燃机组负担约50%的建筑总冷负荷，电制冷离心机组负担约50%的建筑总冷负荷，充分做到了合理利用能源，降低运行费用。

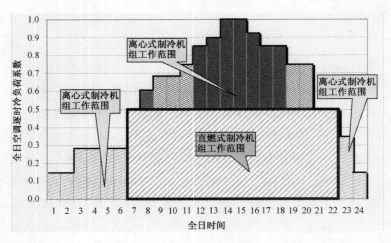

图8-1 制冷机组工作范围示意图

8.2 离心式与螺杆式冷水机组组合的应用，变频与定频离心式冷水机组组合应用

8.2.1 工程概况

沈阳奥林匹克体育中心体育场将承担2008年奥运会足球比赛的部分赛事，其总建筑面积14万多 m^2，能够容纳6万人，设计冷负荷5099kW。作为大型体育场馆，其使用情况决定了该建筑物的负荷波动较大，为此，该项目定制了一套高效离心式冷水机组与部分负荷性能优异的螺杆式冷水机组组合应用的方案，在系统满负荷和部分负荷时段均能保持冷源系统高效运行，满足设计要求。冷源系统主机配置为2台开利制冷量为1934kW离心式冷水机组19XR550与1台制冷量为1230kW螺杆式冷水机组30HXC350。

8.2.2 系统特点

（1）离心式与螺杆式冷水机组组合应用，充分发挥了离心式冷水机组在满负荷时段的卓越运行效率，以及螺杆式冷水机组在部分负荷时段机组负载可灵活匹配建筑物负荷，保持机组高效运行，同时避免了离心机组容易出现的喘振现象。体育场馆由于重大赛事和活动的间歇性,其中央空调的负荷为非连续性供冷的典型需求,如何充分降低能耗是奥运体育场馆赛后节能运行的关键。开利大容量19XR高效离心机组与多压缩机双回路、部分负荷性能优异的30HXC螺杆机组组合应用,不仅全部应用环境友好的HFC-134a无氯制冷剂,而且对赛时系统满负荷和赛后办公区域低负荷运行均能保持冷水机组系统的高效运行。离心式冷水机组在满负荷时段的高效性能,来源于应用空气动力学原理专门针对R134a冷媒设计的高效叶轮,应用航空技术设计的锥管状扩压器,可进一步提高峰值效率,同时,专利可旋转扩压器机构大大提高稳定性。多机头设计的螺杆式冷水机组,可实现灵活调节,依据负荷的大小决定上载压缩机数量,部分负荷时段性能优异,更好地随负荷工况变化迅速调节,优化系统运行,保持机组高效率。

(2) 与冷水机组配套的冷机群控系统及远程监控中心,可把不同形式机组纳入一个系统,全面监控冷水机组运行。多台冷水机组在制冷周期中的运行控制和调节是实现系统节能的关键技术,专用的开利冷水机组管理系统CSM匹配开利离心机组、螺杆机组的典型负荷性能"特征曲线",可根据系统负荷变化优化冷水机组的启停和加卸载,使系统运行在最佳效率区,使机组及冷源系统的运行与建筑物负荷的匹配更加贴切,显著提高整个冷水机组系统的节能运行效果。并且,开利远程监控中心提供预防诊断,保障整个系统的高效可靠运行。

类似系统,也可选用定频与变频离心式冷水机组的组合应用。定频离心式冷水机组满足满负荷时段要求,变频离心式冷水机组满足部分负荷时段要求,共同保证系统高效稳定运行。变频离心式冷水机组通过降低压缩机转速,有效节省功耗。案例运行数据证明,在民用建筑舒适性空调项目多台机组的系统中,采用变频与定频机组组合应用,经济性更高,由于机组增加变频装置而引起的初投资增加部分,投资回报年限一般小于3年,特别是过渡季节较长、空调系统较长时间运行在部分负荷段的地区,节能效果更为显著,投资回报年限也更短。

8.3 高效离心式冷水机组的热回收应用

8.3.1 工程概况

国家游泳中心(见图8-2)是2008年北京奥林匹克运动会标志性建筑,总建筑面积8万m²,设计冷负荷9845kW,耗资约1亿美元,拥有永久座席6000个,临时性座席11000个,将主要承担奥运会游泳、跳水和花样游泳的比赛。为实现"绿色奥运,科技奥运,人文奥运"三大理念,国家游泳中心的空调系统设计中引入了热回收应用。冷源系统主机配置为3台开利制冷量2813kW离

图8-2 国家游泳中心鸟瞰效果图

心式冷水机组19XR800、1台开利制冷量1406kW热回收型离心式冷水机组19XR400。

8.3.2 系统特点

（1）常规中央空调用冷水机组在制取低温冷冻水时，机组冷凝器中的热量通过冷却塔直接散于建筑外部环境中。若能利用这部分冷凝热，不仅可减少热量对环境的排放，而且可减少加热所需的能耗热。回收型离心式冷水机组在保证系统冷量需求的同时，回收利用冷凝热用于部分泳池水和生活热水的加热，不仅可减少热量对环境的排放，而且可减少加热所需的能耗，是能源再利用的典型做法。对于离心机来说，冷凝热通常是冷负荷的1.1~1.3倍，这部分热量的回收，可通过在标准机组上选配一个独立的热回收冷凝器来回收通常由冷却塔排入大气的热量。热回收冷凝器的物理结构与标准冷凝器大致相似，但因气流流向关系，热回收换热器内部布管结构要经过严格的分析和设计才能达到最佳换热效果。在该项目中，19XR离心机组的热回收选项是在离心压缩机和冷凝器中设计了专用的热回收器，可制取40℃的热水用于泳池水和生活热水。机组在性能测试中运行稳定，完全达到冷水机组系统的设计要求，成为"水立方"——国家游泳中心实现奥运"三大理念"的突出技术亮点之一。

（2）国家游泳中心的热回收应用还针对该项目特点在空气处理机组内部同样加装了新型热管热回收装置，将排风的热量有效地回收用于新风加热，显著降低了系统能耗。空气处理机组热管热回收与机组冷凝热回收都有效提高了国家游泳中心空调系统能源利用效率，也充分体现了整个空调系统环保节能的设计理念。

（3）开利控制网络系统CCN针对冷水机组系统应用，定制了与机组配套的冷机群控系统，配合设计方的节能要求，实现多台冷水机组的台数与加卸载控制的最优化运行，进一步提高了系统能源利用效率。同时北京奥运远程监控中心全面监控北京奥运场馆冷水机组的运行状况，提供机组预防诊断，保障整个空调系统高效可靠运行。

8.4 水源热泵地表水系统应用

8.4.1 工程概况

东莞三正半山大酒店是一家五星级的花园式豪华涉外酒店，依山傍水，环境优美。建筑面积8万m^2，设计冷负荷5600kW，设计热负荷1400kW。五星级酒店对于空调系统的要求相当高，而且要求常年提供卫生热水。岭南的气候条件又决定了酒店的冷负荷要远远大于热负荷。为此，设计单位充分利用了酒店旁边的湖水，为项目量身定制了一套湖水水源热泵加离心机的空调系统方案，采用2台开利制冷量1251kW、制热量1548kW的水-水热泵机组30HXC400A-HP2，2台开利制冷量2110kW离心式冷机机组19XR600的冷热源配置。

8.4.2 系统特点

（1）高效的离心机+水-水螺杆热泵方案。根据该项目冷负荷远大于热负荷的特点，系统采用离心式冷水机组搭配水-水螺杆热泵的方案，在不同的气候、负荷条件下灵活采用不同的机组搭配，从而达到高效节能的目的。

该酒店设计为同时供冷供热系统，将空调制冷和生活热水加热有效结合起来，通过节能控制系统进行调节，达到"按需供冷、供热"的目的。水-水热泵机组为酒店提供60℃生活热水热源，用于酒店客房，恒温泳池、中西餐厅、水疗桑拿等功能区域。提供热水的同时，机组产生的冷量同时送入冷冻水系统用于空调制冷。夏季热量富余时，热泵机组可进入常规工况制冷，冷凝器经湖水散热。冬季除常年供冷区域外，热泵系统通过湖水提取热量用于生活热水和酒店采暖。使供热和制冷系统分别取消了热水锅炉和冷却水塔，减少投资100多万元。热泵系统有效提高了空调系统的运行能效，节省了燃油及电费支出，减少了废气排放造成的污染，运行两年的实测数据表明，年节省能耗费用达150多万元。此工程项目经济、社会效益显著，同时积极响应了国家节能减排政策。

制冷+提供卫生热水模式（见图8-3）：这种运行模式适合于夏季与过渡季节。系统中的1台水-水螺杆热泵负责为酒店常年提供卫生热水，同时系统产生的冷水全部提供空调使用。2台离心机和另外1台水-水螺杆热泵机组负责为酒店提供冷量，其中水-水螺杆热泵机组利用湖水作为冷却水，把热量排放到湖里。系统会根据冷负荷的大小来调节这3台机组的启停和卸载。

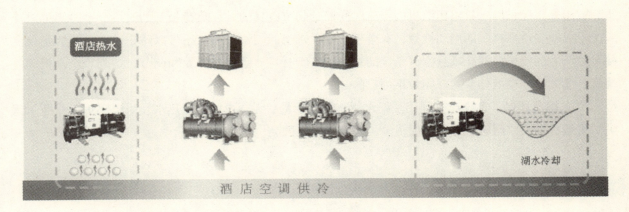

图8-3　制冷+提供卫生热水模式

供暖+提供卫生热水模式（见图8-4）：这种运行模式适合于寒冬季节。系统中的1台水-水螺杆热泵负责为酒店常年提供卫生热水，同时系统通过冷水把冷量全部回收提供给酒店常年供冷区域。另外1台水-水螺杆热泵机组负责把湖水中的热量输送到酒店的供暖区域。

系统在冬季供暖时，水-水螺杆热泵机组在电能的驱动下把湖水的热量提取出来使用，即便在冬季最寒冷的时候，湖水的温度仍在10℃以上，因此机组的COP较高，一般都在4以上；而在其他时候，水-水螺杆热泵机组在提供卫生热水的同时也向供冷区域提供冷量，其效率就更加高了。

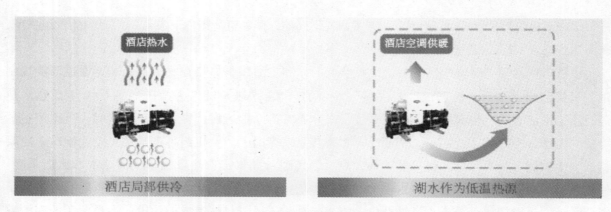

图 8-4 供暖+提供卫生热水模式

（2）稳定可靠。30HXC-HP 水-水热泵机组与 19XR 离心机组均采用多项国际领先的技术，包括高精密制造工艺制造压缩机，强大的自诊断和完整的保护功能，值得一提的是，30HXC-HP 水-水热泵机组独特的多回路、多压缩机设计使机组在任何一个回路发生故障的情况下均不会影响到另一回路正常运行，从而大大提高了机组的可靠性，保证整个空调系统的稳定运行。

（3）蓄冷罐的应用。系统使用了 $30m^3$ 的蓄冷罐。蓄冷罐在空调系统中具有调节平衡作用，能使冷水机组始终保持高效工况运行，并且将可能浪费的冷量储存在蓄冷罐里，当末端负荷升高时，再释放出来，延长冷水机组压缩机的停机时间而达到节电目的。在负荷最低的时段，蓄冷罐的放冷工况可以减少冷水机组的启动次数，有效延长冷水机组的工作寿命，还可以防止离心机组因负荷变化可能产生的喘振。蓄冷罐对空调系统的多余冷量实时自动蓄存、释放和调节，达到了全面提高系统综合能效、取得最佳节能降耗效果的目的。

（4）绿色环保。系统充分利用了湖水所蕴藏的能量，无须投资生活热水及采暖锅炉，避免了锅炉的排烟污染，使酒店的环境更加优美，提高了酒店的品位与商业价值。

产品技术资料检索

062	直燃型吸收式冷温水机组
063	离心式冷水机组
064	螺杆式水-水热泵机组
065	风冷螺杆式热泵机组"雷霆"系列
066	特灵空调集成舒适控制系统特灵空调VAV变风量系统(VariTrane)
067	特灵空调的旗舰产品、特灵空调系统节能技术
068	磁悬浮变频离心机——丹佛斯Turbocor
070	海尔MRV Ⅲ R410A全直流变速中央空调
071	海尔磁悬浮变频离心机
072	冷水机组和热泵的热回收节能技术
074	地暖空调一体化系统
075	富尔顿锅炉系列
077	美国"PRECISION（精工）"电热锅炉——节能专家
078	双良蒸汽锅炉系列
079	蓄冰空调系统
080	多种产品应用于蓄冰空调系统
081	冰蓄冷系统项目介绍
082	动态蓄冰盘管
083	美国CRYOGEL蓄冰球
084	法国西亚特STL冰蓄冷系统
086	BAC 蓄冰装置
087	佩尔优水蓄冷系统
088	源牌HYCPC系列导热塑料盘管蓄冰装置
089	间歇式蓄冷中央空调节能系统

直燃型吸收式冷温水机组

- 机组运行效率高,COP=1.36(冷却水进口温度为30°C)
- 与传统机组比较,结构更紧凑,重量更轻
- 具有多重自动防结晶保护系统和自动融晶功能
- 配有开利专利的引射式自动抽气系统
- 冷却水温度可低至15°C而不结晶
- 溶液浓度自动调节
- 世界独创的停电自动重启功能
- 高效防堵的喷淋系统,性能稳定寿命更长
- 采用ICVC控制系统,功能更全,更先进
- 提供远程监控,双向通讯,用户使用更放心
- 集制冷、制热、提供卫生热水于一体,轻油、重油、城市煤气及天然气均可使用
- 直燃机专用燃烧器,整机调节性能更良好
- 备有供热增大I型、II型机组,如有要求,可与本公司联系

16DNH015～165
制冷量：528～5802kW
制热量：374～4119kW

16DNH015H1～165H1
制冷量：528～5802kW
制热量：443～4816kW

16DNH015H2～165H2
制冷量：528～5802kW
制热量：528～5570kW

型号 16DNH	制冷量		供热量		燃料消耗		冷(温)水			冷却水			外形尺寸			运行重量 kg
	USRT	10⁴kcal/h	kW	10⁴kcal/h	kW	轻油 kg/h	天然气 Nm³/h	水流量 m³/h	水压降 kPa	连接管尺寸 mm	水流量 m³/h	水压降 kPa	连接管尺寸 mm	长 mm	宽 mm	高 mm	
015	150	45	528	32.2	374	32.8	31	91	89	100	141	83	125	3631	1880	2056	6952
018	180	54	633	38.6	449	39.4	37.2	109	89	100	169	83	125	3631	1880	2056	7440
021	210	64	739	45.1	524	45.9	43.4	127	89	125	197	83	150	3679	2034	2313	8547
024	240	73	844	51.5	599	52.5	49.6	145	89	125	226	83	150	3679	2034	2313	9230
028	280	85	985	60.1	699	61.2	57.9	169	56	150	263	85	200	4780	2077	2381	11321
033	330	100	1161	70.9	824	72.1	68.2	200	57	150	310	87	200	4780	2077	2381	12035
036	360	109	1266	77.3	899	78.7	74.4	218	53	150	338	80	200	4791	2296	2630	12721
040	400	121	1407	85.9	999	87.4	82.7	242	51	150	376	78	200	4791	2296	2630	14079
045	450	136	1583	96.6	1123	98.4	93	272	88	200	423	105	250	4867	2444	2820	15485
050	500	151	1758	107.4	1248	109.3	103.3	302	87	200	470	105	250	4867	2444	2820	16113
060	600	181	2110	128.8	1498	131.2	124	363	100	200	564	110	300	5640	2866	3102	25343
066	660	200	2321	141.7	1648	144.3	136.4	399	101	200	620	110	300	6142	2866	3102	27337
080	800	242	2813	171.9	1997	174.9	165.4	484	74	250	752	75	350	6222	3199	3408	33389
100	1000	302	3516	214.7	2497	218.6	206.7	605	127	250	940	130	350	7218	3199	3408	38881
120	1200	363	4220	257.6	2996	262.3	248	726	93	300	1128	128	400	6824	4043	3639	52123
135	1350	408	4747	289.9	3370	295.1	279	816	123	300	1269	170	400	7319	4043	3639	55846
150	1500	454	5274	322.1	3745	327.9	310	907	96	300	1410	130	400	6921	4622	3845	61348
165	1650	499	5802	354.3	4119	360.7	341.1	998	123	350	1551	166	400	7411	4622	3845	66903

■ 选型条件

1. 冷水进出口温度：12°C /7°C，温水进出口温度：56.5°C /60°C
2. 冷却水进出口温度：32°C /37.5°C
3. 冷水（温水）和冷却水侧的标准最大压力（表压）为1.0MPa
4. 冷水／温水、冷却水的污垢系数为 $0.086 m^2 \cdot °C /kW$
5. 标准情况下的容量控制（无节调节）范围，燃气25%～100%，燃油30%～100%
6. 燃料耗量按：天然气热值 $11000 kcal/Nm^3$，煤气热值 $3800 kcal/Nm^3$，轻油热值 $10400 kcal/kg$。表列数值均为低位热值，非表列数值的燃料耗量 =（表列低位热值／燃料实际低位热值 × 表列耗量）
7. 可选用辅助卫生热水热交换器，获得65°C热水

Carrier 开利中国　Carrier China

地址：上海市九江路333号3楼　邮编：200001　电话：021-23063000
传真：021-23063002　网址：www.carrier.com.cn

离心式冷水机组

- 专为HFC-134a无氯制冷剂设计,机组达到高效率
- 高效单级压缩机,运动部件少,机组可靠性高
- 机组采用开利最新的超高效传热管,换热性能佳
- 换热器针对中国水质情况专门设计制造,机组适用性强
- 开利专利的AccuMeter流量调节系统,保证机组具优越的部分负荷性能
- 中文显示PIC Ⅱ ICVC控制系统,操作简便,运行可靠
- 非机载启动柜具有多项电气保护,更适合国情,机组运行可靠
- PIC Ⅱ ICVC控制系统可与开利舒适空调网络CCN接口进行集中群控

19XR-380V
制冷量:1055~5274kW
380V-3Ph-50Hz

19XRV-380V(变频)
制冷量:1055~3762kW

19XR-6kV/10kV
制冷量:3164~5274kW

19XRD-10kV
制冷量:10548kW

机组型号	机组		电机功率			蒸发器			冷凝器			机组尺寸			重量		
	制冷量		输入功率	满负荷性能	额定电流	星型堵转电流	流量	压力降	接管尺寸	流量	压力降	接管尺寸	长	宽	高	运行重量	吊装重量	R134a充注量
	kW	Tons	kW	ikW/kW	A	A	1/s	kPa	mm	1/s	kPa	mm	mm	mm	mm	kg	kg	kg
19XR3031327CLS	1055	300	210	0.199	368	815	50.4	84.1	DN200	60.8	66.9	DN200	4172	1707	2073	6314	5857	277
19XR3131336CMS	1231	350	238	0.193	407	782	58.8	82.0		70.6	87.8		4172	1707	2073	6479	5992	308
19XR3132347CNS	1406	400	277	0.197	478	916	67.2	104.3		80.9	86.3		4172	1707	2073	6605	6083	308
19XR4040356CPS	1582	450	305	0.193	529	904	75.6	75.9		90.8	79.2		4365	1908	2153	7888	7081	381
19XR4141386CQS	1758	500	334	0.190	580	1122	84.0	76.1		100.5	78.5		4365	1908	2153	7979	7106	413
19XR5051385CQS	1934	550	350	0.181	606	1122	92.4	69.6		109.8	51.8		4460	2054	2137	9085	7994	522
19XR5050436DES	2110	600	380	0.180	660	1057	100.8	81.5	DN200	119.8	70.5	DN250	4460	2054	2207	9668	8613	522
19XR5555446DFS	2285	650	400	0.175	685	1210	109.2	104.5		129.2	90.1		4980	2054	2207	10454	9302	617
19XR5555456DGS	2461	700	439	0.178	755	1210	117.6	119.5		139.5	103.6		4980	2054	2207	10454	9302	617
19XR6565467DHS	2637	750	488	0.185	843	1540	126.0	81.4		150.4	80.2		5000	2124	2261	11799	10349	694
19XR65654U5DGS	2637	750	463	0.176	794	1210	126.0	81.4		149.2	79.1		5000	2124	2261	12107	10657	694
19XR6565467DJS	2813	800	525	0.187	908	1540	134.4	91.4	DN250	160.7	90.6	DN250	5000	2124	2261	11799	10349	694
19XR65654U5DHS	2813	800	488	0.173	843	1540	134.4	91.4		158.9	88.7		5000	2124	2261	12155	10705	694
19XR70704V5LGH	3164	900	543	0.171	945	1794	151.2	87.3		178.5	79.4		5156	2426	2750	15486	12260	907
19XR7070555EKS	3516	1000	634	0.180	1067	2073	168.1	105.6	DN300	199.3	97.2	DN300	5156	2426	2985	17416	15497	907
19XR7071555ELS	3868	1100	693	0.179	1176	2358	184.9	125.5		219.1	98.3		5156	2426	2985	17733	15738	907
19XR8080585EMS	4218	1200	743	0.176	1270	2358	201.7	94.1	DN350	238.6	88.6	DN350	5200	2711	3029	20359	17772	1007
19XR7777595ENS	4571	1300	803	0.176	1402	3216	218.5	137.0	DN300	258.5	128.1	DN300	5766	2426	2985	19973	17570	1157
19XR8585595EPS	4922	1400	856	0.174	1479	3277	235.3	138.7	DN350	278.0	129.8	DN350	5810	2711	3029	21906	19099	1157
19XR8787505EPS	5274	1500	900	0.171	1548	3277	252.1	121.5		296.9	114.2		5810	2711	3029	23112	19987	1270

注:上述为示例选型参数。基于用户具体需求,开利公司可为用户提供电脑选型,最大程度满足用户实际应用需求。

开利中国 Carrier China

地址:上海市九江路333号3楼 邮编:200001 电话:021-23063000
传真:021-23063002 网址:www.carrier.com.cn

螺杆式水—水热泵机组

- 采用工作压力较低的HFC-134a,提供热水温度最高达60°C
- 双回路、多机头结构增强能量调节性能及备机功能
- 满液式蒸发器传热效率高,易于清除水侧结垢
- 电子膨胀阀尤其适合热泵机组的宽广运行工况范围要求
- PRO-DIALOG PLUS控制系统提供与楼宇控制系统的联接,实现多机系统的能量管理
- 最新降噪声静音箱,有效降低运行噪声(选项)

30HXC130A～400A(HP1.HP2)
制热量:498～1548kW
制冷量:479～1337kW

PRO-DLALOG PLUS 微电脑控制

	HP1											HP2									
			冷凝器		蒸发器				冷凝器		蒸发器				冷凝器		蒸发器				
型号	名义制热量	机组输入功率	热水进出水温度	热水流量	热源水进出水温度	热源水流量	名义制冷量	机组输入功率	冷却水进出水温度	冷却水流量	冷水进出水温度	冷水流量	名义制热量	机组输入功率	热水进出水温度	热水流量	热源水进出水温度	热源水流量	名义制冷量	机组输入功率	冷却水进出水温度	冷却水流量	冷水进出水温度	冷水流量
30HXC	kW	kW	°C	m³/h	°C	m³/h	kW	kW	°C	m³/h	°C	m³/h	kW	kW	°C	m³/h	°C	m³/h	kW	kW	°C	m³/h	°C	m³/h
130A	525	120		89		44	479	76		43		82	498	139		84		39	490	93		46		84
165A	633	145		108		53	578	97		53		99	598	170		102		46	576	117		54		99
200A	760	167		129		64	668	114		61		114	772	212		131		60	654	131		61		112
250A	1043	242	40/45	177	15/7	86	957	164	18/29	87	12/7	164	971	280	50/55	165	15/7	74	926	194	18/29	88	12/7	159
300A	1161	257		198		97	1014	174		92		174	1167	325		198		90	987	201		93		170
350A	1388	320		238		115	1284	220		117		220	1288	370		220		99	1234	259		117		212
400A	1542	338		263		130	1337	229		122		229	1548	429		263		120	1312	266		123		226

注:1. 以上技术规格基于冷水、冷却水侧污垢系数0.086m²·°C/kW。
   2. 机组水侧标准设计压力1.0MPa,若需其他水侧承压,请与开利公司联系。
   3. 机组结构参数请参考30HXC冷水机组对应型号。

 开利中国　Carrier China

地址:上海市九江路333号3楼　邮编:200001　电话:021-23063000
传真:021-23063002　网址:www.carrier.com.cn

风冷螺杆式热泵机组"雷霆"系列

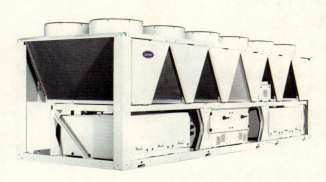

30XQ320~1280
制冷量：317~1266kW
制热量：317~1268kW

- 专为无氯制冷剂HFC-134a设计的风冷热泵机组，满负荷制冷效率高达3.2
- 新型06T双螺杆压缩机，专利的螺杆转子外形设计、滑阀无级调节，无论满负荷还是部分负荷工况均高效运转
- 开利专利第四代"飞鸟™"低噪声轴流风扇，运转宁静且大幅降低低频噪声的产生
- 电子式膨胀阀控制精确灵敏，部分负荷效率高
- 蒸发器采用满液式设计，传热效率高，检修方便
- 先进的Pro-dialog Plus自适应控制，大屏幕中文液晶触摸屏控制显示，功能强大，操作简便
- 开利专利智能除霜控制，优化除霜循环切入时间，既避免了不必要的热量损失，又提高了热水出水温度的稳定，制热性能极佳

机组型号 30XQ	制冷量 kW	制热量 kW	压缩机功率 kW		名义水流量 m³/h		水接管口径		机组长度 mm	机组宽度 mm	机组高度 mm	机组重量 kg	运行重量 kg
			制冷	制热	制冷	制热	公称通径 in	外径 mm					
30XQ320	317	317	88.7	87.9	54.4	54.4	6	168	3827			3953	4023
30XQ640	633	634	117.5	175.7	108.7	109.1	6	168	7186	2253	2297	7486	7605
30XQ960	950	951	266.2	263.6	163.1	163.4	6	168	11006			11403	11592
30XQ1280	1266	1268	355.0	351.4	217.4	218.2	6+6	168+168	14372			14972	15210

注：1. 名义制冷工况：冷水进出水温度12℃/7℃，室外空气干球温度35℃。
　　2. 名义制热工况：热水进出水温度40℃/45℃，室外空气干球温度7℃，相对湿度87%。

开利中国　Carrier China

地址：上海市九江路333号3楼　邮编：200001　电话：021-23063000
传真：021-23063002　网址：www.carrier.com.cn

特灵空调集成舒适控制系统
特灵空调VAV变风量系统(VariTrane)

■ 特灵空调集成舒适控制系统

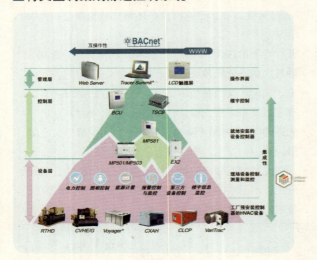

- **稳定可靠的控制系统**
  特灵的集成舒适系统(ICS)能为客户提供空调系统、能源效率、室内空气质量、照明等各方面的精准控制，提高楼宇综合管理的稳定性和可靠性。
- **人性化的操作软件**
  方便相关人员的操作、使用、监控，节省培训及维护费用。
- **先进的远程监控功能**
  特灵远程监控中心的ICS系统，可以借助Internet直接登录现场的系统控制器，采集相关数据，并汇总信息，以便及时进行维护保养，确保机组零故障运行。
- **独有的能源管理功能**
  ICS内嵌特灵专业开发的能源管理软件方便用户对能源消费和成本进行监测，分析。
- **一体化的解决方案**
  提供从自控设备到空调设备的全系列产品，以便系统的维护保养。

■ 特灵空调 VAV 变风量系统 (VariTrane)

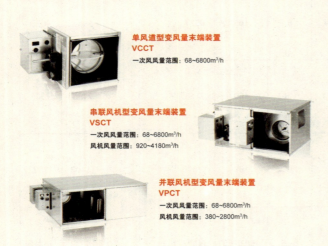

单风道型变风量末端装置 VCCT
一次风风量范围: 68~6800m³/h

串联风机型变风量末端装置 VSCT
一次风风量范围: 68~6800m³/h
风机风量范围: 920~4180m³/h

并联风机型变风量末端装置 VPCT
一次风风量范围: 68~6800m³/h
风机风量范围: 380~2800m³/h

- **运行节能**
  送风量能够随着负荷的减少而降低。
- **环境舒适**
  室内无冷凝水，抑制细菌滋生，且能够有效利用新风，大大改善室内空气品质。
- **控温精确**
  压力无关型VAV，结合DDC控制，有效保证室内温度恒定。
- **控制先进**
  20多年自主研发，机电一体化供应，系统控制和末端控制的完美结合。
- **降低初投资**
  和冰蓄冷系统、水源热泵、风冷风管机组和屋顶机等结合使用时，能有效减少初投资。
- **机型齐全**
  单风道、并联风机、串联风机3种形式，配合电加热和热水盘管等选项，满足您的各种需求。
- **国产化**
  本地化生产，供货迅速，服务周详。

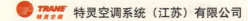 特灵空调系统（江苏）有限公司

地址：上海市西藏中路268号来福士广场10-11楼　邮编：200001　电话：021-53599566
热线电话：8008282622　网站：www.trane-china.com

建筑节能环保技术与产品——设计选用指南

特灵空调的旗舰产品、特灵空调系统节能技术

■ 特灵空调旗舰产品

屋顶式空调机组 Voyager III
CTKD/CTKH/CWKD/CWKH
20～50Tons

- **系统简洁**：整体式结构、全空气系统
- **高效宁静**：高效低噪涡旋压缩机、室内无送风风机和电机
- **安装方便**：置于屋顶或地面，无需专用机房
- **自控先进**：专用控制器、特灵ICS楼宇控制、LonTalk通信功能、配置经济器可免费制冷
- **选项多样**：风机故障报警、辅助加热、过滤网脏堵报警，有垂直和水平两种送回风方式

三级压缩离心式冷水机组
CVHE/G & CDHG

- **高效节能**：在ARI标准工况下满负荷COP值高达7.85
- **稳定可靠**：压缩机转速低1/3、运转部件少2/3、不易喘振
- **控制先进**：自适应功能、变流量功能、自控和通讯功能等
- **振动小，噪声低**：电机直接驱动压缩机、无增速齿轮传动
- **冰蓄冷**：制冷量大、制冷效率高、运行稳定
- **系统优化**：热回收、自由冷却、冰蓄冷、大温差小流量、一次泵变流量
- **电源**：低压/中压/高压（10kV）

■ 特灵空调系统节能技术

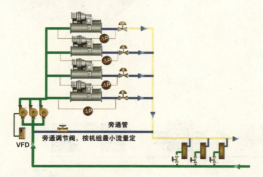

大温差小流量系统

- 适用于常规项目，尤其是空调冷负荷增加的系统改造项目。
- 保持冷量不变，采用减少水流量而增大冷冻水温差的方案，空调水系统的整体能耗下降，虽然冷水机组能耗略增，但是水泵能耗减少较多。
- 节省初投资，因为减少水流量，可相应减小水泵、水阀尺寸、管道直径等。

一次泵变流量系统

- 适用于空调冷负荷变化大，部分负荷期限长的项目。
- 由于冷源侧和用户侧均为变流量，变频水泵的流量随空调负荷的减少而相应减少，节约水泵能耗最多。
- 节省初投资和机房面积，因为与二次泵变流量系统相比，减少了一次泵及配套的电机、管线，但是系统控制复杂。

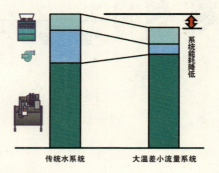

 特灵空调系统（江苏）有限公司

地址：上海市西藏中路268号来福士广场10-11楼 邮编：200001 电话：021-53599566
热线电话：8008282622 网站：www.trane-china.com

磁悬浮变频离心机——丹佛斯Turbocor

Turbocor 是世界上第一台应用于通风、空调和制冷领域的无油智慧型离心压缩机。凭借久经航天工业考验的磁轴承、变速离心压缩以及数字电子技术，Turbocor 压缩机家族（名义制冷量 90～150 冷吨）可为中央空调市场中的水冷、蒸发冷却及风冷机组提供最高的压缩效率。从发明至今，丹佛斯 Turbocor 已经获得 ASHRAE/AHR Expo "Energy Innovation" Award (2003), Frost & Sullivan Compressor Technology Leadership Award (2006), U.S. EPA Climate Protection Award, Canadian Energy Efficiency Award 等多项殊荣。它具有以下特点：

■ 磁悬浮无油运行

磁悬浮技术可以完全避免传统油润滑轴承的高摩擦损失、复杂的润滑油管理与控制。磁悬浮结构由径向轴承和轴向轴承组成，通过永久磁铁提供主要悬浮力，使得转子悬浮转动。同时通过电磁铁和传感器带共同配合，精确调整转子状态。运行时，传感器带进行每分钟 600 万次的数据采集分析并提供调整的指令，保证转子轴心偏差度始终在 7μm 以内。

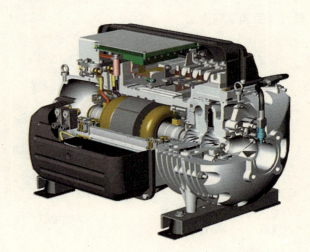

图1 悬浮的转子结构

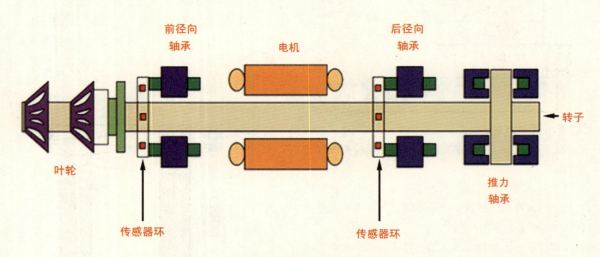

图2 转子轴与磁轴承系统示意图

丹佛斯（上海）自动控制有限公司 Danfoss (shanghai) Automatic Controls Co., Ltd.

地址：上海市宜山路900号科技大楼C座20F　邮编：200233　电话：021-61513000
传真：021-61513100　网址：www.danfoss.com　E-mail：yuye@danfoss.com

磁悬浮变频离心机——丹佛斯Turbocor

■ **变速驱动离心压缩**

Turbocor变速离心压缩机使用直流变速驱动的高速两级压缩。在冷负荷下降时，降低压缩机的转速，从而可在额定负荷的100%到20%，甚至更低的宽广负荷范围内优化压缩机的能耗。通过一个可供选的、数字控制的负荷平衡调节阀，压缩机甚至可在接近零负荷的工况下稳定运行。

■ **数字化、模块化压缩机**

丹佛斯Turbocor压缩机集成压缩机运行、电子膨胀阀、冷水机组的数控系统，是一台全部数字化、智能化的压缩机。用户可以利用开放的通讯接口，实现模块化扩展和人性化管理的开发。

■ **磁悬浮变频离心压缩机系统具有以下综合特点：**

- **超高节能**：综合能效比IPLV可达9.55！比传统冷水机节能40%以上！
- **高可靠**：全方位的高可靠性保护技术，确保空调机组从容应对各种意外情况，长期安全运转。
- **长期超高效**：空调系统无油运行，彻底避免摩擦损失和润滑油污染，真正做到超高效地长期运行，大大降低运行和维护成本。
- **自由扩展**：单压缩机90~150冷吨，非常便于实现并联与模块化运行，适应绝大部分场合的冷量需求。
- **超静音**：磁悬浮变频空调无结构震动，机组机械传动声、气流噪声都降至最低，以前所未有的超静音运行，充分发掘大楼设备层的商业价值。
- **电气成本降低**：启动电流只有2A，极大降低了对电网的冲击，大大减少了电器安全保护方面的投入。
- **易于运输，安装，维护**：Turbocor是传统压缩机重量的1/5，尺寸的1/2，机组非常便于运输和安装。
- **环保冷媒**：压缩机采用环保冷媒R134a，保护地球环境。

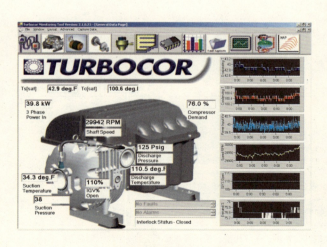

图3 集成的压缩机智能监控系统

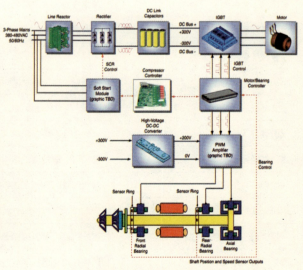

图4 压缩机集成控制系统原理图

丹佛斯（上海）自动控制有限公司 Danfoss (shanghai) Automatic Controls Co., Ltd.

地址：上海市宜山路900号科技大楼C座20F　邮编：200233　电话：021-61513000
传真：021-61513100　网址：www.danfoss.com　E-mail：yuye@danfoss.com

海尔MRVⅢR410A全直流变速中央空调

■ 产品特点

R410A 直流变频多联机组采用绿色环保冷媒 R410A，可以由多台变频室外机并联成单一系统，是海尔商用空调 MRV 第三代产品，有直流变频高效节能、控制灵活方便、绿色环保等特点。它采用三相 380V、50Hz 电源，压缩机和风扇电机均采用高效的直流驱动，运转平稳、低噪、节能；所有室内外机都通过电子膨胀进行制冷剂流量的调节，以精密的压力传感器和温度传感器采集数据，进行智能变流量调节；它不固定区分主机和子机，所有外机都是直流变频系统，各外机模块累计运行时间每间隔 24h 切换一次，保证外机之间均衡运转、平衡磨损；它还包括均油、回油、冷媒回收、过冷却热交换器、卸载等各种辅助控制系统。

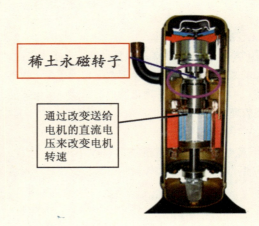

稀土永磁转子

通过改变送给电机的直流电压来改变电机转速

差异化	概述
单压机、全变频	单模块外机采用单台全变频大压缩机，直流驱动；实现0.8～16HP能力调节
业界高效能比	最高能效比达4.28，平均能效比达3.69
环保新冷媒	采用R410A环保冷媒，对臭氧层的破坏系数为0
不停机除霜	除霜时，压缩机继续运行、除霜结束后切换到制热状态，缩短除霜过程的时间
三菱电机压缩机	实现−20℃超低温制热
夜间静音运转	夜间静音运转自动模式
全热交换器联动	遥控器、线控器、集中控制器均可实现内机与全热交换器联动控制
长配管、高落差	超长配管，总长可达300m；配管单程最长可达150m（相当于175m）
模块化室外机设计	8HP、10HP室外机占地面积仅0.74m^2，12HP、14HP、16HP占地面积为1.04m^2
室外机最多可连接64台室内机	室外机能力可以控制单独1台到64台不同类型的室内机，设计灵活方便
室外机轮流运转	运转外机每运行24h切换成其他外机，循环切换；使用寿命是"变频+定频"组合3倍
特定后备运转	18HP以上系统中，一台室外机发生故障，其余室外机也能进行紧急运转
不停机均油技术	通过外机间的储油罐和控制技术实时均油，与系统能力调节分开控制

Haier 海尔MRV 青岛海尔空调电子有限公司　Qingdao　Haier　Air　Conditioner　Electricity　Company

地址：青岛市海尔路1号信息产业园　邮编：266101　电话：0532-88937998
传真：0532-88937951　网址：www.haier.com　E-mail：hracsyzh@haier.com

海尔磁悬浮变频离心机

■产品特点

机组采用世界领先的磁悬浮变频离心压缩机作为动力。双级铸铝叶轮直接嵌于轴上，减少了由于齿轮传动产生的能量损失。压缩机马达为永磁同步马达，由PWM（脉冲宽度调制）电压供电，可以实现变速运行。压缩机入口装有导流叶片，用来调节压缩机的负荷。

■领先的科技

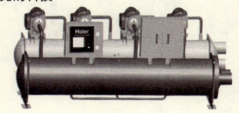

- **高能效**
机组采用磁悬浮压缩机、变频控制技术：机组部分负荷最高能效可达11.3，部分负荷综合能效可达9.55。
- **静音无振动**
安全无摩擦，运行噪声低于70dBA，结构振动接近0，无需减振配件。
- **绿色环保**
采用环保冷媒R134a，对臭氧层损耗值为0。
- **高效无摩擦**
磁轴承技术，实现机组的无油运行。完全避免常规压缩机轴承的高摩擦损失，长期地无磨损运行。
- **自由式容量调节**
在冷凝温度下降或热负荷下降的情况下，降低压缩机的转速，实现额定负荷10%～100%的宽负荷范围内优化压缩机的能耗。
- **抗喘振**
压缩机控制模块中提供压缩机安全运行的控制曲线，计算判断后对转速进行及时调整，确保压缩机始终运行在安全区域内。
- **最小电网冲击**
启动电流低，采用磁悬浮轴承，开机时只需2A的电流使转轴悬浮起来，启动扭矩很小，实现对电网的冲击最小。
- **寿命长**
压缩机由航空等级的铝制铸件及高强度的热塑电子外壳制造而成，可以长期高效运行。
- **远程控制**
机组可通过电话网、Internet实现远程控制，同时机组远程控制、连锁、定时运转控制功能相结合，实现无人值守式控制。

■磁悬浮技术

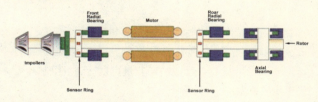

- **磁轴承和定位传感器**
有两个径向轴承和一个轴向轴承组成数控磁轴承系统，由永久磁铁和电磁铁组成。
压缩机的运动部件（动子转轴和叶轮）悬浮在磁衬上无摩擦地运动，磁轴承上的定位传感器则为电机转子提供每分钟高达600万次的实时重新定位，以确保精确定位。
- **变速驱动离心压缩**
变速离心压缩机使用集成变速驱动的高速、两级压缩。在冷凝温度下降或热负荷下降的情况下，降低压缩机的转速，从而在额定负荷100%到10%甚至更低的宽广负荷范围内优化压缩机的能耗。通过一个可供选的、数字控制的负荷平衡阀，压缩机甚至可在接近零负荷的工况下稳定运行。
- **永磁马达和降落轴承**
由PWM（脉冲宽度调制）电压供电的永磁同步马达可以实现高速变频运行。降落轴承在机组启动前升起，自动调节间距保证无摩擦。
压缩机备有碳衬里的径向／轴向轴承用来支持断电后压缩机的转轴，防止转轴与其他金属表面接触。

青岛海尔空调电子有限公司　　Qingdao　Haier　Air　Conditioner　Electricity　Company

地址：青岛市海尔路1号信息产业园　邮编：266101　电话：0532-88937998
传真：0532-88937951　网址：www.haier.com　E-mail：hracsyzh@haier.com

冷水机组和热泵的热回收节能技术

■ **工作原理**

常规冷水机组和热泵在制冷的时候，机组产生的冷凝热，水冷机组通过水冷冷凝器排至冷却水系统，再通过冷却塔排放到大气中，风冷机组通过风冷冷凝器同样排放到大气中。热回收型冷水机组和热泵在制冷剂进入冷凝器前首先进入热回收器中，通过换热，回收冷凝热，加热生活热水和生产工艺热水。

根据采用的热回收形式，分部分热回收和全部热回收式，其中部分热回收的回收量约为机组制冷量的20%～30%；全部热回收的回收量可以达到机组制冷量和电量的总和。

空调热水系统图

热泵机组还有另外一种热回收形式，是可以同时一端出冷水，另一端出热水的四管制热泵机组，又名能量提升机组。这种机组的每个制冷回路具有三个换热器，其中一个换热器常年出冷水，另一个换热器常年出热水，工作时两边同时被利用，一份动力可以同时做制冷和供热，比一般的制冷机或热泵的能效增加约一倍，所以叫能量提升机；第三个换热器可以作为冷凝器也可以作为蒸发器，当两个换热器负荷不能相互平衡时，第三个换热器投入工作进行补偿，冷需求大，机组向外界放热，热需求大则从外界吸热。这种机组可以是空气源能量提升机，也可以是水源或地源能量提升机组。

综合性能系数 COP

$$COP=(Ql+Qln)/W$$

式中，Ql 为制冷量，Qln 为热回收量，W 为机组耗电量。

■ **主要特点**

1. 制冷时机组综合能效 COP 高达 7～10，显著节能。
2. 通过热回收加热热水，替代锅炉，减少大气中的热排放，绿色节能。
3. 制冷时免费提供热水，节省运行费用，回收期约 3～5 年。
4. 热泵机组冬季以制热形式从热回收器提供热量，加热热水，可以替代锅炉，减少投资，减少污染，能效比高达 3（空气源热泵）～6（水源热泵）。
5. 系统管路简单，安装方便。
6. 全智能电脑控制运行，操作灵活简便。
7. 热回收加热功率大，1000kW 机组的热水加热能力达到 30t/h。

■ **适用范围**

- 无论是风冷冷水机组和热泵、水冷冷水机组，还是水/地源热泵系统，只要有生活热水或工艺热水的场合，都可以采用热回收节能技术。
- 最常见应用：酒店、医院、公寓、运动场馆、商场、写字楼、医院等需要生活热水的场合以及工厂等需要工艺热水的场合。
- 其中，热回收型热泵最适合用在两管制供冷供热空调系统，通过热回收管道提供生活或工艺热水。
- 能量提升机最适合用在四管制空调系统，冷热水分开并同时提供。也适合用于内外分区的空调系统（通常是水环热泵的领域），特别适合游泳馆这种要常年供冷空调和除湿、常年池水加热和供生活热水的场合，常年制冷又有热需求的场合。

冷水机组和热泵的热回收节能技术

■ **设计选型要点**

1. 热水需求越大的地方，采用热回收系统节省费用越明显，回收年限越短。
2. 机组热回收管路有固定的接口，无须进行季节转换。
3. 建筑物可以回收的冷凝热非常巨大，可以采用热回收机组和普通机组混合搭配以节省投资。
4. 根据现场情况和气候条件，区别选用风冷、水冷或水／地源形式的热回收机组。
5. 热回收系统的热水通常采用循环加热形式。
6. 部分热回收机组回收热量少，但可以产生相对更高温度的热水。

■ **技术规格**

所有系列冷水机组和热泵均可以提供部分热回收功能，根据机组的制冷量不同，机组提供的热回收量从10～500kW不等。全部热回收机组规格如下：

热回收型风冷热泵

热回收型水地源热泵

全部热回收冷水机组和热泵系列：

系列	制冷量范围	热回收量范围	冷却形式	运行季节
CSRAT-R	100～1400kW	130～1700kW	风冷冷水机组	夏季
CSRAR-Y	120～1600kW	150～1900kW	风冷冷水机组	夏季
HRAR	40～400kW	55～600kW	风冷冷水机组	夏季
CSRHR	120～2600kW	140～3100kW	水冷冷水机组	夏季
CSRH-YR	100～2800kW	130～3400kW	水冷冷水机组	夏季
FOCS-W	100～2800kW	130～3400kW	水冷冷水机组	夏季
CSRANR	100～1200kW	130～1400kW	风冷热泵机组	夏季、冬季、过渡季
CSRAN-YR	120～800kW	150～1100kW	风冷热泵机组	夏季、冬季、过渡季
ERACS-R	120～800kW	150～1100kW	风冷热泵机组	夏季、冬季、过渡季
HRANR	40～400kW	55～600kW	风冷热泵机组	夏季、冬季、过渡季
ERAN-SHW	3～40kW	5～55kW	水/地源热泵机组	夏季、冬季、过渡季
ERHN-SHW	3～40kW	5～55kW	水/地源热泵机组	夏季、冬季、过渡季
PSRHHR	120～2600kW	140～3100kW	水/地源热泵机组	夏季、冬季、过渡季
PSRHH-YR	100～2800kW	130～3400kW	水/地源热泵机组	夏季、冬季、过渡季
FOCS-WHR	100～2800kW	130～3400kW	水/地源热泵机组	夏季、冬季、过渡季
ERACS-WR	60～1200kW	80～1500kW	水/地源热泵机组	夏季、冬季、过渡季
CSRAQ	100～1200kW	130～1400kW	空气源能量提升机	夏季、冬季、过渡季
ERACS-Q	120～800kW	150～1100kW	空气源能量提升机	夏季、冬季、过渡季
HRAQ	40～400kW	55～600kW	空气源能量提升机	夏季、冬季、过渡季
ERACS-WQ	60～1200kW	80～1500kW	水/地源能量提升机	夏季、冬季、过渡季

地暖空调一体化系统

■ 系统特点

1. **一机二用，节省初投资**：夏季，空气源热泵＋风机盘管制冷，感受中央空调的舒适；冬季，空气源热泵＋地板辐射采暖，享受辐射制热的惬意。
2. **机组性能卓越**：在0～15℃的环境温度下，COP平均达到2.0以上，并保证系统在－18℃正常运行。
3. **分体结构设计**：水系统完全在室内，冬季防止冻结，室内机体积小，噪声低。
4. **智能控制**：大屏幕液晶显示，遥控开关。
5. **节能**：冬天低温辐射制热，比油锅炉、燃汽锅炉地板采暖节约60%。
6. **舒适**：冬天热自脚底来，夏天凉风自头顶下，符合人体保健要求。

■ 运行方式

1. 空气源热泵夏季产生7℃冷水，送至室内风机盘管产生冷风；冬季产生35℃热水，直接通过低温地板辐射采暖。
2. 中间季节通过集分水器切换系统冷暖运行模式。
3. 可以根据用户的要求利用空气源热泵单独满足冬天的地暖；也可以单纯通过送风的方式实现冬天制热、夏天制冷。

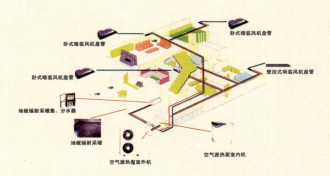

空气源热泵热水器

型号	RBZ-SL80	RBZ-SL120	RBZ-SL160
水箱容量（L）	80	120	160
额定功率（kW）	0.4	0.45	0.5
加热速度（L/h）	35	42	55
水箱尺寸（mm）	430×1460	450×1530	500×1660
连接水管尺寸（mm）	16		
噪声（db）	≤45		
工质	新型中温环保工质		
电压（V）	220		
频率（Hz）	50		
适应环境温度	户内安装，适用所有气候		

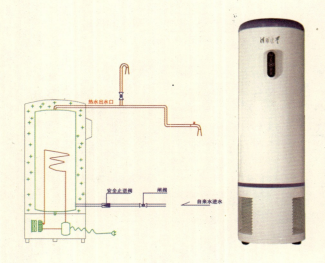

■ 产品特点

1. **节能**：耗电量为电热水器的1/4，节电近四倍；比燃气热水器节能50%以上。
2. **安全**：本产品电仅在压缩机和风机中使用，与冷水换热从而加热水的是被提升到高品位的储存在热交换器里的空气中的能量，水电彻底分离。
3. **环保**：选用清华大学研制环保工质，对人体和环境没有危害。
4. **舒适**：水箱承压构造，多点用水，满足家庭中央热水需求。
5. **安装方便**：户内整体式热泵热水器只要连接上进出水管就可以；分体式热泵热水器安装跟分体空调基本一致。
6. **管理简便**：全自动电脑控制，实现"傻瓜式"管理。

LOTIN 上海鹿鼎索兰环境技术有限公司　SHANGHAI LDSL ENVIROMNT TECH CO；LTD

地址：上海市徐汇区嘉川路245号　邮编：200237　电话：021-64772877
传真：021-64772877-801　E-mail：qinghua@lotinsolar.com

富尔顿锅炉系列

富尔顿公司于20世纪40年代由LEWIS PALM先生创立于美国纽约州，目前在国内拥有两个全新独资企业：杭州富尔顿热能设备有限公司和宁波富尔顿热能设备有限公司。

■富尔顿立式锅炉

富尔顿立式锅炉的蒸发量在2.5t/h以下，适合锅炉房相对面积较小的各种应用场合，根据使用燃料以及设计的不同，其代表产品主要有：

1. 立式FB-A/FB-B燃油、燃气蒸汽和热水锅炉
- 由刘易斯·帕姆先生发明于1947年
- 燃料可选为燃油、燃气、油气两用
- 锅炉规格从0.3t/h至2.5t/h
- 采用立式无管结构，解决了小型锅炉易爆管的难题
- 该款锅炉安全、可靠、热效率高、维护保养方便

2. 立式FB-L/FB-W电蒸汽和热水锅炉
- 使用电力作为燃料，清洁无NO_x释放
- 规格从12kW至2000kW
- 锅炉热效率高，可达近100%
- 使用安全，所有接线符合NEC标准

3. PHW型脉冲燃烧蒸汽和热水锅炉
- 无需传统形式的燃烧器，燃烧过程在密闭燃烧室中进行
- 燃烧时，烟气来回冲刷，高度紊流，传热系数为传统对流传热的2.5倍，而NO_x排放量仅为30PPM，远低于国标400PPM。

FB-A立式蒸汽锅炉

典型用户：上海东方明珠电视塔、昆明世界园艺博览会、上海朗讯科技光纤有限公司、上海新世界百货大楼、上海西郊宾馆、北京中共中央党校、浙江大学、杭州大剧院等。

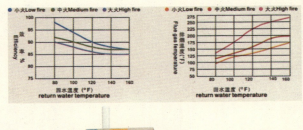

FB-L电蒸汽锅炉

PHW脉冲热水锅炉

Fulton 富尔顿中国有限公司 Fulton China LLC

地址：杭州经济技术开发区18-9号 邮编：310018 电话：0571-86725890
传真：0571-86725896 网址：www.fulton.cn E-mail：hzfulton@mail.hz.zj.cn

富尔顿锅炉系列

■富尔顿卧式锅炉

富尔顿卧式锅炉主要有RB、FB-C、FB-S等类型。

1.RB型卧式燃油、燃气蒸汽和热水锅炉

- RB型锅炉规格从1t/h至5t/h
- 燃烧器和本体的一体化设计,外形紧凑美观,热效率高
- 水位计与锅炉本体溶为一体,避免可能出现的假水位,提高锅炉安全性

2.FB-C型卧式三回程、四回程燃油、燃气蒸汽和热水锅炉

- 湿背波纹炉胆设计,其中四回程设计最大限度提高锅炉热效率,配合全程比例空气雾化燃烧器,锅炉热效率高
- 燃烧器极其适合燃烧重油
- 锅炉规格从6t/h至25t/h

RB锅炉房

3.FB-S型卧式三回程燃油、燃气蒸汽和热水锅炉

- 该款锅炉采用经典三回程湿背式波纹炉胆设计,配备与炉型相匹配的富尔顿燃烧器,具有高效、耐用的优点。FB-S型锅炉规格从1t/h至5t/h

FB-S/FB-C主要参数

型号	FBS1-1.0	FBS1.5-1.0	FBS2-1.0	FBS3-1.0	FBS4-1.25	FBC-300	FBC-400	FBC-500	FBC-650	FBC-800	FBC-1000	FBC-1300
蒸汽出率-吨/小时	1	1.5	2	3	4	5	6	8	10	12	15	20
近似燃料用量-适用海拔610米以下												
轻油-公斤/小时	60.9	91.4	121.8	182.7	244.4	279	334	443	553	665	834	1113
重油-公斤/小时	62.2	93.3	124.4	186.6	249.7	285	341	453	565	680	853	1137
天然气-立方米/小时	76.6	114.9	153.2	229.8	315.3	352	400	557	695	838	1050	1400
最大长度-毫米	3324	3624	4072	4772	4956	6490	6530	7680	8200	8200	8655	10460
最大宽度-毫米	1705	1785	2100	2196	2170	2830	2930	3080	3200	3200	3520	3670
最大高度-毫米	1955	2040	2335	2490	2546	2914	3246	3264	3266	3386	3520	3670

备注:以上轻柴油的热值按11200大卡/公斤。重油热值按10960大卡/公斤。天然气热值按8900大卡/立方米。所有参数仅供参考。公司保留修改的权利。以富尔顿公司提供的最新图纸为准。

典型用户:上海环球金融中心、光明乳业、上海张江中国银联园区、香格里拉集团、华西医科大学附属第一医院、珠海丽珠药业、松下(杭州)、农标普瑞纳(Cargill)集团(中国各投资项目)、长安福特公司、南京福特公司等。

FB-C锅炉房

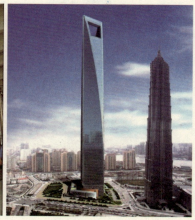

上海环球金融中心(效果图)

Fulton 富尔顿中国有限公司 Fulton China LLC

地址:杭州经济技术开发区18-9号 邮编:310018 电话:0571-86725890
传真:0571-86725896 网址:www.fulton.cn E-mail:hzfulton@mail.hz.zj.cn

美国"PRECISION（精工）"电热锅炉——节能专家

上海实原电热蓄能设备工程有限公司是实力国际发展（香港）公司对国内贸易的全权代表。实力国际发展（香港）公司授权上海实原电热蓄能设备工程有限公司在国内对美国"PRECISION（精工）"电热锅炉系列产品的组装生产及销售。

上海实原电热蓄能设备工程有限公司主要销售产品为美国"PRECISION（精工）"电热锅炉系列产品：

"SERIES II"系列电热水锅炉	60～3600kW	压力可任意选择
"SERIES II"系列常压电热水锅炉	60～3600kW	无压
"SERIES II"系列电蒸汽锅炉	60～3600kW	压力可任意选择
储水式电热水锅炉	15～480kW	蓄热容积0.5～20m³
一体化高温承压电加热蓄热系统（专利产品）	20～2000kW	蓄热容积2～150m³
高电压蒸汽锅炉（占地面积特小，出蒸汽时间0～60s）	700～50000kW（4.16～13.2kV）	0.5～3.5MPa
环流电加热器	30～2000kW	加热对象：油、空气或水

美国精工锅炉厂始创于1942年。经过半个多世纪的研发生产，产品成熟，节能性能优越，是国内外公认的先进一流的节能电锅炉。享有美国、中国多项专利的"精工"一体化高温承压电加热蓄热系统主要特点有：

1. 蓄热罐本身起膨胀水箱作用，不须另设膨胀水箱，蓄热罐一次注入软化水，通过板交及一次侧循环泵构成闭式系统，因而蓄热罐、电加热管和板交一次侧可实现"零结垢，零腐蚀，零故障"，保证安全运行（全国四十多台一体化高温承压电加热蓄热系统6年多无故障运行，电热管光亮如新）。
2. 蓄热温度高，可达到150℃，最高压力6kg，随着放热逐步下降，如在地下室，只须按锅炉房面积的1/10配置泄爆口，即符合锅检部门要求，结构紧凑，占地面积小。
3. 一体化蓄热炉寿命超过40年，电加热管工作寿命在正常使用工况下＞30,000h，一体化蓄热系统电热管保用8年。
4. 先进的自控系统配置，完全满足用户各种需求，实现节能经济运行。
5. 专用耐热电缆，如连接电热管的电缆，耐热达200℃，电磁接触器是特别设计电锅炉专用，尺寸紧凑，额定寿命1,000,000次，并配置美国专利的电脑板等。
6. 高效节能，利用夜间谷电时段加热，供白天使用，最大程度上减低了运行成本，一般2～3年收回投资。（在北京中国电力科学研究院、上海东方艺术中心等项目中每年节省运行费用约100万元即可证实）。

中国电力科学研究院

东方艺术中心

实力国际发展（香港）公司 SUT LICK INTERNATIONAL DEVELOPMENTS（H.K.）CO.,LTD.

地址：上海市建国西路91号瑞金花园3号楼19楼F座 邮编：200020 电话：021-54560058，021-54560468，021-64455998
传真：021-64457251 E-mail：info@sutlickchina.com 网址：www.sutlickchina.com

双良蒸汽锅炉系列

■ **产品名称**：燃油（气）卧式锅炉、燃油（气）饱和蒸汽水管锅炉、水煤浆蒸汽锅炉。
■ **适用范围**：提供工业、民用蒸汽供热用热源。
■ **特点**：高热效率、低污染、全自动运行，PLC智能控制，完善的安全措施。
■ **主要技术性能参数**

表1 WNS II型蒸汽锅炉技术参数表

项目	型号	WNS0.5	WNS1	WNS1.5	WNS2	WNS3	WNS4	WNS6	WNS8	WNS10	WNS12	WNS15	WNS20
额定蒸发量	t/h	0.5	1	1.5	2	3	4	6	8	10	12	15	20
额定蒸汽压力	MPa	(0.7) 1.0 (1.25)						(1.0)1.25(1.6)					
额定蒸汽温度	℃	(170) 184 (194)						(185)194(204)					
额定进水温度	℃	20	20	20	20	20	20	105	105	105	105	105	105
设计热效率	%	90.1	90.2	90.2	90.2	90.3	90.3	90.5	90.4	90.7	90.8	90.6	90.6
最大外形尺寸	mm	3466×2225×2220	3630×2410×2475	4300×2510×2575	4316×2826×3096	5328×2725×3195	6050×3071×3608	6740×3392×3803	7678×3600×3985	8140×3680×4098	7958×4020×4321	9972×4056×4400	10651×5010×4857
锅炉净重	t	4.3	6.4	7.0	7.8	10.0	12.76	16.0	21.1	25.88	32.0	40.0	48
锅炉水容量	t	1.3	2.5	3.0	3.5	4.8	6.8	8.6	12.2	14.5	18.4	24.3	27

注1：1、表1锅炉适用燃料为：轻柴油、重油、天然气、城市煤气、液化石油气、焦炉煤气。
2、同时生产额定热功率0.35～14MW卧式热水锅炉，额定热功率0.35～2.8MW常压热水锅炉。

表2 SZS燃油（气）饱和蒸汽锅炉

项目	型号	SZS10-1.6-Y(Q)	SZS15-1.6-Y(Q)	SZS20-1.6-Y(Q)	SZS25-1.6-Y(Q)	SZS30-1.6-Y(Q)	SZS35-1.6-Y(Q)	SZS40-1.6-Y(Q)
额定蒸发量	t/h	10	15	20	25	30	35	40
额定蒸汽压力	MPa	(1.25) 1.6 (2.5)						
额定饱和蒸汽温度	℃	(194) 204 (226)						
给水温度	℃	104	104	104	104	104	104	104
锅炉设计热效率	%	92.1	92.1	92.2	92.1	92.6	92.8	92.8
安装最大外型尺寸	mm	9200×4478×436	11430×8210×4620	12050×7790×4810	12170×7440×5180	12430×8840×4555	13608×8048×5020	14050×8410×5250

注2：1、表2锅炉使用燃料为：轻柴油、重油、天然气、城市煤气、液化石油气、焦炉煤气、高炉煤气、转炉气等。
2、同时生产过热蒸汽水管锅炉，过热蒸汽温度：350～400℃。

表3 水煤浆蒸汽锅炉

项目	型号	DZS2.1-1.25-J	DZS4-1.25-J	DZS6-1.25-J	DZS10-1.25-J	SZS30-1.25-J	SZS15-1.25-J
额定蒸发量	t/h	2	4	6	10	15	20
额定蒸汽压力	MPa	1.25					
额定饱和蒸汽温度	℃	194					
给水温度	℃	20	20	105	105	105	105
锅炉设计热效率	%	84.5	84.3	84	84.22	84.32	85.2
锅炉净重	t	18.2	26	37	57.8	59.2	115
锅炉水容量	t	5.5	7.6	8.5	10	12.2	17
安装最大外型尺寸	mm	6375×2575×4157	7860×2750×4580	9100×3300×5100	13295×3814×4640	14500×4500×5000	13000×4200×7300

注3：1、同时生产额定热功率2.8～10.5MW水煤浆热水锅炉。
表1～表3中，外形尺寸均按长×宽×高顺序。

双良锅炉 江苏双良锅炉有限公司 Jiangsu Shuangliang Boiler Co.,Ltd.

地址：江苏江阴双良工业园区 邮编：214431 电话：0510-86632366 86632376
传真：0510-86634543 86631144 网址：www.shuangliang-boiler.com E-mail：zhangsb@shuangliang.com

蓄冰空调系统

江森自控旗下品牌的约克，曾是全球最早从事蓄冰空调系统研究的空调冷冻设备制造商之一。在蓄冰空调技术的应用与推广方面，结合约克在空调制冷行业中多年的成就，以及江森自控在楼宇控制方面的丰富经验，产品和解决方案为多个大型建筑项目所采用，其优势更在实际应用中充分体现。

■ 蓄能构思先进，实际应用简单

降低供冷成本

利用公用事业收费架构来降低供冷的成本——在电费最高的高峰时段减少使用机械动力提供冷却效果。蓄冰空调系统的设计是利用在晚上低电费时制冰，再运用冰的冷量在日间满足冷却的需求，以减低高峰时所要支付的电费。采用此设计的系统。若辅之以低温送风设计，可以节省高达 **50%** 或更多的成本。不单只是减少当年的支出，同时将来每年可不断节省电费开支。

蓄冰空调系统如何节省电费

蓄冰空调系统在低谷用电时段，由主机将低温载冷剂循环至蓄冰装置，使装置内水结冰以蓄存冷量。当高峰用电时段须供冷时，由建筑物空气处理机组循环后的较热冷水经过蓄冰装置，将装置内的冰溶解，融冰所释放的冷量取代了以机械动力提供的冷量，籍此减少开动空调主机运行成本。

减少安装成本的简单途径

由于部分的冷却需求是由冰所提供，故此实际所需要的主机总制冷量比较常规系统的主机制冷量要小，因此可降低主机装机容量。此外，由于系统是以低温及大温差运行，所有水管、风管，甚至空气处理机组、风机盘管，包括风管及末端装置都可选较小型号，最终减少末端设备费用及安装成本。

■ 蓄冰应用场合

蓄冰空调系统适用于在夜间没有供冷要求或供冷负荷小的场所：

1. 商场、机场、宾馆、超市、办公楼等冷负荷高峰和用电高峰基本相同，持续时间长的场所。
2. 展览馆、影剧院、体育场馆等冷负荷大，持续时间短的场所。
3. 制药、食品加工、电子工业等用冷量大，绝大多数空调负荷集中在白天的制造业。
4. 现有空调系统不能满足负荷要求，可以改造成蓄冰空调系统，在不增加制冷机组的情况下，扩大供冷量。
5. 采用区域供冷的场合。

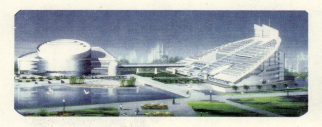

上海江森自控有限公司　JOHNSON

地址：上海市西康路1390号　邮编：200060　电话：021-62766509
传真：021-62773543　网址：www.johnsoncontrols.com

多种产品应用于蓄冰空调系统

江森自控包括旗下品牌约克空调,被公认为全球制冷技术应用领域的先驱者,其产品以高效节能和高度的可靠性,获得了全球用户的信赖。在蓄冰空调领域,江森自控的约克产品,可提供除蓄冰装置以外所有的适合产品,包括各种类型的制冷机组,可用于常规或低温送风系统的空调末端设备,以及技术领先的自控系统。

■ 双工况离心串联式制冷机组 CYK 系列

制冷剂:R134a

空调工况制冷量:1000 ~ 2200TR

产品特点:

- 优越的部分负荷性能,显著降低运行成本,充分利用低温冷却水,显著节能
- 更低的蒸发器出口温度:乙二醇出口温度可低至 −17.8℃
- 结构紧凑,占地面积小

■ 双工况风冷变频螺杆式制冷机组 YCAV 系列

制冷剂:R134a

空调工况制冷量:150 ~ 515TR

产品特点:

- 压缩机变频设计提高机组效率
- 双工况功能设计:机组可根据预设程序在空调工况与制冰工况之间自动切换运行。
- 乙二醇出口温度可低至 −9℃,减少制冰时间。
- 可靠性高:开式电机设计,工业化结构。
- 保证机组可靠、长时间地运行。

■ 双工况多级离心式制冷机组 OM 系列

制冷剂:R134a 或 R22

空调工况制冷量:2000 ~ 8000TR

产品特点:

- 性能可靠:带两级中冷,带双速齿轮。

■ 双工况螺杆式冷水机组 YS 系列

制冷剂:R22

空调工况制冷量:150 ~ 550TR

产品优点:

- 高效节能:部分负荷的高效率,带给客户最低运行费用
- 维修简单:高品质的机组,最先进的控制,全心全意的服务,让后顾之忧远离客户
- 控制先进:大屏幕液晶显示控制中心为标准配置,并提供全行业最先进的图像显示控制系统(可选)供客户选择,不同的控制中心均保证机组安全、正常地运行。
- 可靠性高:开式电机设计,工业化结构,保证机组可靠、长时间地运行。

■ 双工况螺杆式冷水机组 YLBC 系列

制冷剂:R22

空调工况制冷量:780 ~ 1200TR

产品特点:

- 高效节能:采用最先进的非对称型线设计的工业级双螺杆压缩机,配备具有专利的 Volumizer 可变内容积比控制,可以避免压缩机过压缩或欠压缩造成的能量损失,使得制冷机组无论在空调工况还是制冰工况下以及部分负荷时始终在最高效率点运行。
- 双工况功能设计:机组可根据预设程序在空调工况与制冰工况之间自动切换运行。
- 更低的蒸发器出口温度:乙二醇出口温度可低至 −8℃,可缩短制冰时间,充分利用 6h 至 8h 的低谷电价。
- 可靠性高:开式电机设计,工业化结构,保证机组可靠、长时间地运行。
- 结构紧凑,占地面积小。

 上海江森自控有限公司 JOHNSON

地址:上海市西康路1390号 邮编:200060 电话:021-62766509
传真:021-62773543 网址:www.johnsoncontrois.com

冰蓄冷系统项目介绍

早在1918年约克就提供世界上第一套蓄冰机组。自从20世纪80年代初现代蓄冰技术发展至今,约克已为世界上众多蓄冰空调工程提供了技术及服务。如今,约克已成为江森自控的一员,共同致力于推动中国蓄冰技术的发展。江森自控为国内不同类型的蓄冰项目提供高品质的设备及服务,以下列出国内的部分应用项目。

项目名称	机组总制冷量 TR	机组类型	总蓄冰量 TR*HR
政府机关及公共事业单位			
北京国家电力总局	1680	螺杆式	7120
北京国家电网调度中心办公楼	1720	螺杆式	4760
北京电视台音像资料馆	1000	螺杆式	3564
中央电视台	1000	螺杆式	6188
北京大唐电力办公楼	1000	螺杆式	5200
上海铁路南站	3090	螺杆式	11550
上海科技城	2200	螺杆式	9200
江苏省电网调度大楼	2100	螺杆式	6100
武汉湖北文化城	2660	螺杆式	12176
湖北新闻出版社	1100	螺杆式	5280
武汉清江调度中心	1410	螺杆式	7920
杭州丽水电力调度中心	900	螺杆式	3564
余杭财政局大楼	990	螺杆式	1900
浙江大学新校区	1650	螺杆式	12098
广州大学城	78740	离心式	254000
办公楼及商场			
北京中关村西区高科技办公区	6390	螺杆式	28560
北京海淀新科技大厦	1010	螺杆式	7500
北京国际金融中心	1560	螺杆式	9040
北京光彩中心	4000	螺杆式	21280
杭州西城广场	1590	螺杆式	7020
郑州金融广场	1300	螺杆式	5400
无锡保利广场	1000	螺杆式	5504
大连长兴市场	1500	螺杆式	7680
大连天河100	1000	螺杆式	4000
山西榆次市购物中心	1000	螺杆式	5500
沪州商业大世界	1000	螺杆式	4500
酒店			
南京东郊宾馆	720	螺杆式	4400
东营市友谊宾馆	840	螺杆式	3920
上海香格里拉大酒店	360	离心式	3000
杭州香格里拉大酒店	400	螺杆式	3000
郑州金源大酒店	440	螺杆式	2000
医院			
上海嘉定区人民医院	1240	螺杆式	4284
浦东国际儿童医学中心	1600	螺杆式	4500
杭州水电职工医院	1200	螺杆式	2500
广西壮族自治区人民医院	1640	螺杆式	4416
金融行业			
交通银行西安分行	290	螺杆式	1600
河南省工行营业大楼	600	螺杆式	3446
杭州建设银行大楼	640	螺杆式	2970
住宅小区			
上海中凯城市之光	2096	螺杆式	13680
仪征镜湖花园	800	螺杆式	4416
南宁凤岭小区	450	螺杆式	2400

■ **广州大学城**

制冷主机:25台2,000冷吨的约克CYK系列双工况制冷机组
总蓄冷量:253,248冷吨–小时

目前中国最大的区域供冷项目,总建筑面积为720万 m^2,设置4个区域供冷站,日间最高负荷为106,000冷吨。

■ **上海科技城**

制冷主机:4台550冷吨约克YS系列双工况螺杆式制冷机组
总蓄冷量:9,200冷吨–小时

上海市2000年1号工程,2001年10月APEC会议在此召开,党和国家领导人均对此工程高度重视。上海科技馆是集科技馆、天文馆和自然博物馆于一身的大型公共建筑。总建筑面积近10万 m^2,采用冰蓄冷空调系统,是目前国内蓄冰量最大的样板工程之一,设计日最高负荷为3,122冷吨。

■ **北京中关村西区高科技办公区**

制冷主机:3台2,130冷吨RWBII系列双蒸发器螺杆式机组
总蓄冷量:28,560冷吨–小时

北京地区最大的区域供冷项目,总建筑面积为150万 m^2,主要为周围办公楼提供2.2°C二次冷水。

动态蓄冰盘管

■ 主要特点

1. 标准蓄冰槽采用纯质高密度聚乙烯(HDPE)材料,另有工业级SUS304不锈钢盘管及铝鳍片组成蓄冰单元,可根据需要搭配塑料盘管使用或整体采用不锈钢管+铝质鳍片盘管,满足食品工业应用无腐蚀要求。标准槽体及内部流量分配接头全部采用SUS304不锈钢,整体设计使用寿命50年。
2. 独有的内循环泵设计,通过功率极小的内循环泵的运转产生扰动,形成对流传热,优于静态的热传导,在蓄冰融冰阶段强化水与冰的传热,破除静态结冰热阻,提高水的结晶速度,结冰厚度更均匀,同时在融冰后期,加速蓄冰槽内水面的浮冰的融化,从而提高融冰速率,提高溶冰比例,减少残冰。
3. 独特的再冷却盘管加铝鳍片,提供1.1~4℃的低温冷水,应用于低温送风系统;并可实现蓄冰盘管的内外同时双向融冰,使得融冰速率加倍。
4. 单个槽内的多回路卤水分布管,发生泄漏时可不停机检修。
5. 专利设计的弹性O环接头机构,可耐压超过12kg,方便现场检修。

标准蓄冰盘管外形如下图所示:

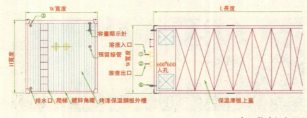

■ 典型案例

1. 新普电子(苏州)有限公司工厂,全蓄冰低温送风系统,2台1200冷吨特灵三级离心机组蓄冰,总额定蓄冷量13760冷吨时。
2. 上海中环凯旋宫区域供冷,总建筑面积27万m²,蓄冷量10560冷吨时,11台960型再冷却蓄冰盘管。
3. 广东省经贸委办公大楼,建筑面积11000m²,蓄冰量1340冷吨时,通过改造大金CUW主机蓄冰。

标准长方形蓄冰槽规格表

型号	DYN-335	DYN-425	DYN-500	DYN-560	DYN-610	DYN-900	DYN-960	DYN-1420
蓄冷容量 (tr.h)	335	425	500	560	610	900	960	1420
其中潜热蓄冰量	285	362	427	476	510	752	805	1190
净重 (kg)	1450	1860	2080	2360	2560	3540	3760	5500
运行重量 (kg)	16250	21540	23750	26680	28980	42450	45260	65490
盘管内溶液量 (m³)	0.69	0.88	1.05	1.20	1.32	1.88	2.00	3.00
槽体长 L (m)	3.95	4.95	4.95	5.55	5.95	6.60	6.00	9.00
槽体宽 W (m)	2.20	2.20	2.20	2.20	2.20	2.50	2.80	2.80
槽体高 H (m)	2.05	2.05	2.40	2.40	2.40	2.80	3.00	3.20
标准循环水量LPM	560	730	880	960	1080	1280	1360	2000
溶液回路数	3	4	4	4	4	5	5	5
标准水压降M	4.3	3.6	3.8	4.3	3.8	4.8	4.8	5.6
卤水/冰水接管尺寸(mm)	DN80	DN80	DN100	DN100	DN100	DN125	DN125	DN150
内循环泵	1HP	1HP	1-2HP	1-2HP	1-2HP	1-3HP	1-3HP	1-3HP

(1) 接口管标准型为侧出管,可根据用户需要改为上出。
(2) 以上为标准规格槽,可根据现场情况制作槽体,适应用户场地,节省占地面积。
(3) 冰槽8、9、10小时蓄冰结束温度设定参考值分别为-6.0℃、-5.5℃、-5.0℃。
(4) 名义蓄冷量计算依据: 美国制冷协会标准ARI Guideline-T 2002。

美国CRYOGEL蓄冰球

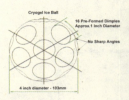 

冰球由高密度聚乙烯（HDPE）材料制成，直径约103mm，其主要特点是：

1. 冰球表面设计有16个已成型的凹坑，凹坑的直径约25.4mm，当水结成冰体积膨胀后，凹坑向外运动而容纳膨胀的量；当冰融化时，每个球又恢复到原来的形状，相对于传统的圆球单位体积蓄冷量有所提高，单位立方米堆放体积的蓄冷量可达到17.8冷吨时。
2. 在冰球去离子水中添加有AgI胶体成核剂，降低结冰过冷度，加快结冰和融冰速度，提高结冰时的温度。
3. 冰球中几乎不含空气，有效换热面积大，换热效率高，在蓄冰初始阶段及融冰后期的大部分时间内冰球在槽内处于悬浮状态，可加速球内水扰动，加快融冰。
4. 冰球设计可承受5000次的凹凸膨胀，在美国使用超过20年，在洛杉矶、迈阿密、旧金山、亚特兰大、纽约等超过15个机场中以及芝加哥市政府办公大楼、波音飞机制造厂、可口可乐灌装厂、加州科技博物馆、查尔斯顿酒店管理公司中应用。
5. 冰球蓄冰系统的普遍优点：融冰速度快，平均融冰速率可达到30%，可实现高峰段完全融冰；可采用卧式、立式、长方体、圆柱体等任何形状的蓄冰槽，适应建筑物结构，蓄冰槽可埋地，不占用机房空间。

■ 卧式圆柱体蓄冰槽选型规格表

序号	容积/m³	蓄冷量 tr·h	槽体直径 D/mm	槽体总长 L/mm	槽内乙二醇溶液容量/m³	槽体净重/kg	运行重量/kg	接管直径DN/mm	膨胀容量/m³
1	40	670	2400	9410	17.2	6730	47930	80	约1.8
2	50	840	2400	11160	21.5	8050	59550	80	约2.28
3	60	1000	2600	11930	25.8	8840	77640	100	约2.74
4	70	1170	2800	12020	30.1	9880	81980	100	约3.2
5	80	1340	3000	11190	34.4	10680	93080	125	约3.65
6	90	1510	3000	13430	38.7	12360	105060	125	约4.1
7	100	1680	3200	13150	43.0	12910	115900	150	约4.56
8	110	1850	3200	14410	47.3	13900	127200	150	约5.0
9	120	2020	3200	15670	51.6	15630	139200	200	约5.47
10	130	2180	3600	13540	55.9	16160	150000	200	约5.93
11	140	2350	3600	14540	60.2	16640	160800	250	约6.4
12	150	2520	3600	15530	64.5	17160	172000	250	约6.84
13	160	2700	3600	13560	68.8	18020	182800	300	约7.3
14	170	2860	4000	14360	73.1	18650	193800	300	约7.76
15	180	3020	4000	15160	77.4	19430	204800	350	约8.2

注：
(1) 以上蓄冰槽尺寸为槽内胆尺寸，实际工程中蓄冰槽规格需要根据选型软件确定。
(2) 以上为标准规格圆柱体槽，也可根据现场情况制作长方体或其他任意形状的蓄冰槽，适应用户场地，节省占地面积。
(3) 名义蓄冷量、额定蓄冷量计算依据：美国制冷协会标准ARI Guideline-T 2002。

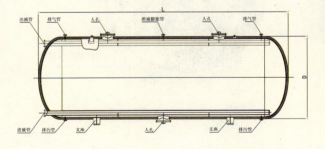

■ 蓄冰球典型工程介绍

1. 陕西省省政府办公楼，总建筑面积60500m²，蓄冷量6516冷吨时。采用三台约克330冷吨主机蓄冰，西北建筑设计研究院设计。
2. 上海万里凯旋华庭，建筑面积56000m²，蓄冷量2415冷吨时，深圳大学设计院设计。

法国西亚特STL冰蓄冷系统

CIAT-STL冰蓄冷系统由三个部分组成：
冰蓄冷制冷机组：可以标准工况运行，也可以低温工况运行，是STL冰蓄冷系统生产冷量的心脏。
蓄冰系统：是能量储存的核心装置，由蓄冰球和蓄冰容器组成。
自控系统：是控制、调节合理使用能量的指挥中枢。
法国CIAT公司拥有完整系列的制冷主机、蓄冰系统和自控系统。

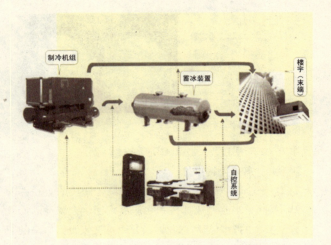

CIAT-STL冰蓄冷系统采用现代技术控制质量，储冷液为CIAT专列技术，通过欧洲和法国国家实验测试（技术报告 CSTB No.14185-194）。

冰蓄冷系统的优点：
冰蓄冷技术之所以得到各国政府和工程技术界的重视，是因为它对电网具有卓越的"移峰填谷"功能，是电力需求侧最有效的电能转化储存方法，同时也为过程工业和应急制冷提供了很好的保证。

- 其突出优点如下：
1. 平衡电网峰谷负荷，减缓电厂和输变电设施的建设；
2. 减少制冷主机、冷却塔等空调设备的容量，降低投资，并减少空调系统电力工程供配电设施费；
3. 利用电网峰谷电力差价，降低空调的运行费用；
4. 制冷机满负荷运行，效率高；
5. 能够短时间内提供大量冷量，满足特殊场合需求；
6. 适合作为应急冷源、工业过程冷却冷源。

■ 典型应用场所
- 空气调节：
办公楼、宾馆、医院、会议中心、博物馆、百货大楼、超市、机场、电影院、体育馆、餐饮娱乐场所、工业厂房……
- 过程冷却：
奶制品工业、屠宰厂、冷藏、制药工业、制瓶厂、溜冰场、酿造业、燃气轮机冷却……
- 应急冷源：
计算机室、洁净室、医院、电视演播室……

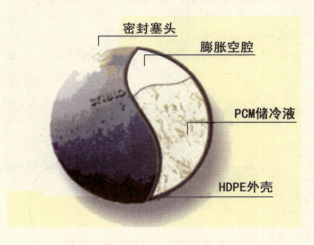

CIAT 杭州西亚特制冷设备有限公司　Hangzhou CIAT Refrigeration Equipment Co.,Ltd.

法国西亚特STL冰蓄冷系统

■ **系统简介**

1. 储冷罐（槽）上部有人孔，供充装冰球之用，下部有人孔供维护或取出冰球之用。罐（槽）的进出口分别有一个分配器，使载冷剂沿着容器分层均匀扩散。通过储冷罐（槽）的压降小于2.5m水柱。储冷时载冷剂进口为下部扩散器，以保证罐（槽）内自然分层。
2. 冰球球壳为中性HDPE物质，冰球的力学和化学特性适用于制冷系统所有工况。球壳厚1.5mm；载冷剂流过无变形。
   - 冰球内为PCM（相变物质——储冷液）。冰球内充入PCM后，填入口即用超声波焊封死，确保良好的密封性。
   - 球体直径：
     77mm——过程冷却；
     98mm——中央空调；
   - 冰球的温度范围：$-33 \sim +27°C$
3. 智能方便的自控系统：
   CIAT-STL自控系统配置灵活，全中文菜单式图形操作界面，多参数检测设定灵活，无人值守顺序控制，能够满足不同的系统符合特性。

冰球的性能参数

冰球类型	相变温度 °C	潜热 Ql kWh/m³	固态显热 Qss kWh/°C	液态显热 Qsl kWh/°C	凝固速度 Kvcr kW/°C	熔解速度 Kvfu kW/°C	冰球重量 kg	毒性 LD50值 in mg/kg a	工作温度限制 °C
SN.33	-33	44,6	0,7	1,08	1,6	2,2	724	2.600	
SN.29	-28,9	39,3	0,8	1,15	1,6	2,2	681	1.200	-40°C
SN.26	-26,2	47,6	0,85	1,2	1,6	2,2	704	1.200	—
SN.21	-21,3	39,4	0,7	1,09	1,6	2,2	653	1.300	+60°C
SN.18	-18,3	47,5	0,9	1,24	1,6	2,2	706	2.700	
IN.15	-15,4	46,4	0,7	1,12	1,6	2,2	602	8.400	
IN.12	-11,7	47,7	0,75	1,09	1,6	2,2	620	5.000	-25°C
IN.10	-10,4	49,9	0,7	1,07	1,6	2,2	617	11.000	
IN.06	-5,5	44,6	0,75	1,1	1,6	2,2	625	18.000	—
IN.03	-2,6	48,3	0,8	1,2	1,6	2,2	592	58.000	
IC.00	0	48,4	0,7	1,1	1,6	2,2	558	85.000	+60°C
AC.00	0	48,4	0,7	1,1	1,15	1,85	560	85.000	
IC.27	+27	44,5	0,86	1,04	1,6	2,2	867	2.500	

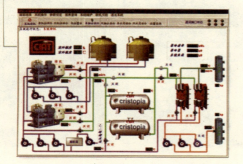

CIAT-STL自控系统主控界面

■ **主要特点**
- 极高的可靠性，寿命超过50年；
- 换热效率高，结融冰速度快，出水温度低；
- 独特的均流设计，无水流死角，放冷均匀平稳；
- 流通阻力低，更节能。

■ **应用领域**
中央空调 过程工业 应急冷源 燃气轮机冷却

杭州西亚特制冷设备有限公司 Hangzhou CIAT Refrigeration Equipment Co.,Ltd.

BAC 蓄冰装置

■ 产品类别
- 钢制内融冰整装式蓄冰设备或蓄冰盘管
- 钢制外融冰整装式蓄冰设备或蓄冰盘管
- 同时可根据工程需要定做非标准尺寸盘管

■ 产品特点
- 内融冰系统可以提供2.2°C的低温稳定的乙二醇出口温度，它的控制相对简单。
- 外融冰系统不但可以提供低温稳定的1°C的冷冻水，亦可以满足最短时间内快速释放冷量的要求。

■ 使用范围
- 商业、民用建筑普通空调工程，低温空调工程
- 大型区域供冷工程
- 工业制冷
- 食品加工
- 电力发电工程

■ 执行标准
- BAC选型程序完全按照美国空调及制冷研究所(ARI) 发表的T准则《蓄冰设备的蓄冷性能准则》制定。
- 产品符合美国ASHRAE、ARI和ASME相关技术标准，并获ISO9001质量认证。

■ 设计选用要点
- 业主或设计者根据建筑物的使用功能情况，须提供峰值负荷或者逐时负荷数据。
- BAC选型程序将会提供给业主或设计者蓄冰系统的主机容量，蓄冰容量，乙二醇用量，系统流量，系统各控制点温度，系统压降等一系列参数。

■ 安装方式及施工安装要点
- 盘管可直接安装在现场制作的混凝土或钢槽内
- 带外壳的整装设备可直接安放在机房内或室外
- 各个蓄冰装置连接时采用并联同程式

■ 上海实绩

上海陶氏研发中心	15,200ᵀᴴ （上海最大蓄冰项目）
上海铁路南站	10,640ᵀᴴ
上海市检测中心	9,780ᵀᴴ
上海科技馆	9,240ᵀᴴ
中凯城市之光	6,840ᵀᴴ
上海儿童医学中心	4,455ᵀᴴ
上海嘉定医院	4,284ᵀᴴ
上海贝尔阿尔卡特	4,158ᵀᴴ
上海市南供电局大楼	1,904ᵀᴴ

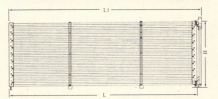

型号		TSC-119M	TSC-238M	TSC-297M	TSC-380M
蓄冰潜热容量 (TH)		119	238	297	380
净重 (kg)		1362	2450	2994	3770
乙二醇容量 (L)		493	938	1175	1497
接管尺寸 (mm)		50	75	75	75
设备尺寸 (mm)	W	1019	1019	1270	1619
	L	2740	5508	5508	5508
	L1	2760	5523	5523	5628
	H	2075	2075	2075	2075
	W1	359	359	359	510
	W2	660	660	910	1110

型号		TSC-L92M	TSC-L185M	TSC-L231M	TSC-L296M
蓄冰潜热容量 (TH)		92	185	231	296
净重 (kg)		1089	1937	2372	2990
乙二醇容量 (L)		400	740	1480	1155
接管尺寸 (mm)		50	75	75	75
设备尺寸 (mm)	W	1019	1019	1268	1619
	L	2740	5508	5508	5508
	L1	2760	5523	5523	5628
	H	1643	1643	1643	1643
	W1	359	359	359	510
	W2	660	660	910	1110

■ 最丰富的工程经验
全球3000多个成功使用案例，中国已有100多个项目

芝加哥中心区域供冷
蓄冰量：314,400ᵀᴴ
世界最大的冰蓄冷项目

广州大学城
蓄冰量：253,248ᵀᴴ
中国最大的冰蓄冷项目

台北金融中心
蓄冰量：36,450ᵀᴴ
世界第一高楼

美国巴尔的摩空气盘管公司

上海办事处地址：上海南京西路580号南证大厦B座723-725室　邮编：200041　电话：021-62182405　传真：021-62180171　网址：www.baltimoreaircoil.cn
北京办事处地址：北京朝外大街18号丰联广场A座2107室　邮编：100020　电话：010-65887611　传真：010-65887615　E-mail：market@baltimoreaircoil.cn

佩尔优水蓄冷系统

佩尔优是专业提供水蓄冷技术的公司，在大温差水蓄冷系统方面的技术居世界领先水平，所建造和运营的大温差水蓄冷系统工程无论在技术还是投资方面，都超过了美国、日本等国家的类似工程水平。目前在中国建造的大温差水蓄冷中央空调系统中也取得了较为显著的成绩。

水蓄冷技术就是利用夜间低谷电价，在整体耗电量不增加的基础上，将蓄冷水池的冷冻水降低到4℃，白天用电高峰时候，将存贮的冷量释放出来，从而达到节约30%以上的空调运行电费。蓄冷水池既可利用消防水池改造，也可建造于停车场或者绿化带下面，有关蓄冷水池的所有投资可由佩尔优公司通过世界银行中国节能促进项目提供资金。

■ **水蓄冷系统的特点**
- 水蓄冷中央空调系统造价与常规中央空调系统基本相当
- 水蓄冷中央空调系统可节省30%～70%的中央空调系统电费
- 水蓄冷中央空调系统同时适用于新建项目和改造项目
- 水蓄冷中央空调系统运行简便，操作简单，维护费用低，系统安全可靠

■ **水蓄冷工程案例**
- 上海浦东国际机场二期扩建工程是上海市一项重大工程。其中央空调系统经过多方研究后决定采用佩尔优公司的水蓄冷技术。浦东国际机场二期扩建工程水蓄冷项目中，将新建蓄冷水槽总体积11600m³×4（先期先上两个蓄冷罐），投资额较常规空调系统节约近2000万元，在相同蓄冷量的基础上，比冰蓄冷空调系统少近6000万元。该项目建成后，不仅能达到移峰填谷的效果，而且每年将为业主节约近1000万元的电费支出，比冰蓄冷每年多节省近300万元。

上海浦东国际机场二期

- 南宁国际大酒店，蓄冷槽位于停车坪下，950m³蓄冷水池。蓄冷水池蓄存的冷量可提供夏季空调峰平负荷的51%的空调负荷，或者单独提供100%的高峰负荷。为

用户转移了全部高峰电量，节省下可观的运行电费和电量，深得用户好评。

南宁国际大酒店

北京佩尔优科技有限公司　BEIJING POWERU TECHNOLOGY Co.,Ltd

源牌HYCPC系列导热塑料盘管蓄冰装置

■产品特点

- 装置结构如图1所示，模块式结构，标准化生产，便于选型、组装和运输。
- 装置的核心部件——盘管，采用取得专利的纳米导热塑料管(专利号：ZL02112481.7)，为一种比普通塑料导热系数高5～10倍，并具有良好耐腐蚀、耐老化和力学性能的管材。此种管材+优化设计，使其在结冰和融冰过程中，换热性能优异。
- 蓄冰采用不完全冻结式。装置将进出口总管布置在顶部，充分利用了结冰的膨胀空间，提高了结冰率。该结构同时具有便于组装与维护的特点(专利号：ZL02265320.1)。

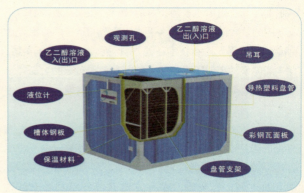

图1

■适用范围

用于作为商业、民用建筑等冰蓄冷空调工程、大温差低温送风空调工程、大型区域供冷工程，以及食品、纺织、电力等工业制冷工程的蓄冰并根据需求释冷的装置。

■主要技术性能参数

型号 HYCPC-			290	355	454	555	578	707	689	842
蓄冷量(RTh)			290	355	454	555	578	707	689	842
净重(Ton)			4	4.6	5.1	5.9	6	7	7.3	8.5
运行重量(Ton)			17.96	21.50	27.19	32.64	33.65	40.47	39.80	47.85
乙二醇溶液量(m³)			0.84	1.02	1.31	1.61	1.67	2.04	1.99	2.43
外形尺寸	带保温槽体(图2)	L(mm)	3.76	3.76	4.19	4.19	5.19	5.19	6.70	6.70
		W(mm)	2.50	2.98	2.50	2.98	2.50	2.98	2.50	2.98
		H(mm)	2.23	2.23	2.94	2.94	2.94	2.94	2.70	2.70
		D(mm)	2.98	2.98	3.26	3.26	4.26	4.26	5.77	5.77
	不带保温槽体(图3)	L(mm)	3.54	3.54	3.97	3.97	4.97	4.97	6.48	6.48
		W(mm)	2.28	2.76	2.28	2.76	2.52	2.76	2.52	2.76
		H(mm)	2.13	2.13	2.84	2.84	2.84	2.84	2.60	2.60
		D(mm)	2.98	2.98	3.26	3.26	4.26	4.26	5.77	5.77
接管尺寸(mm)			DN100	DN100	DN150	DN150	DN150	DN150	DN150	DN150

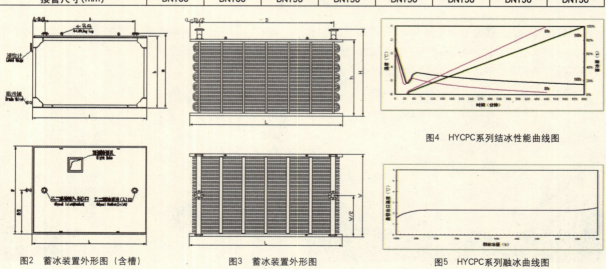

图2 蓄冰装置外形图（含槽）　　图3 蓄冰装置外形图　　图4 HYCPC系列结冰性能曲线图　　图5 HYCPC系列融冰曲线图

杭州华电华源环境工程有限公司　Hangzhou HuadianHuayuan Environment Engineering Co.,Ltd.

地址：浙江省杭州市西园一路10号　邮编：310030　电话：0571-85246932
传真：0571-88050895　网址：www.china-yuan.com　E-mail：hdhy@china-yuan.com

间歇式蓄冷中央空调节能系统

■ **系统介绍**

"间歇式蓄冷中央空调节能系统"（简称节能系统）综合运用了"提高能效、蓄冷放冷和模糊控制"等项节能新技术，实现了中央空调系统"按需供冷、高能效运行、智能控制、节能降耗"的新理念。

随着一年四季，早、中、晚空气温度和湿度的变化，建筑室内空间对中央空调系统的制冷量需求，也随机不断发生着变化。而建筑空调系统设计时，均以峰值气候为条件进行负荷计算和选型。由于现代建筑中央空调系统的运行能耗，受季节、气温、人流、时段和热负荷的影响而变化，因而导致中央空调系统制冷设备在大多数时间处于部分负荷、低能效工况运行。

节能系统将冷水机组低能效工况连续运行，改变为机组高效运行，同时延长部分制冷设备停机时间的运行工况。

■ **工作原理**

"间歇式蓄冷中央空调节能系统"运用间歇式蓄冷原理，在因空调末端负荷变化，冷水机组制冷量大于空调末端负荷时，将冷冻水旁通的部分冷量储存于蓄冷罐。当冷水机组制冷量小于空调末端负荷时，将储存于蓄冷罐内部分冷量，根据空调末端负荷需要随机释放。使冷水机组、冷冻水泵、冷却水泵和冷却水塔，始终处于最佳负荷状况运行，以达到提高中央空调制冷系统综合能效、节能降耗的目的。

节能系统通过分布在各空调使用空间的温度传感器，对室内、外气温进行在线检测，对水系统温度、流量和压差等参数进行实时监控，由中央处理系统以 0.1s 的刷新速度计算空调系统实时负荷，经数据处理运算后，自动发出"按需供冷"的运行指令，调控中央空调系统进行间歇式蓄放冷运行，使制冷设备始终处于最佳负荷的高能效状态下工作。

福建福州金源国际大饭店

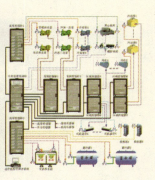
福士得节电系统控制示意图

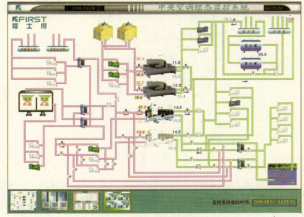
广东东莞三正半山酒店控制界面图

■ **工程案例**

1. 广东东莞东三正半山酒店（五星）建筑面积：$81000m^2$，使用"提高能效、蓄能放能、水源热泵、热量回收、模糊控制"节能系统后，年节电量达 30 万度，节省燃油 350t，降低运行费用 210 万元。
2. 福建福州金源国际大饭店（五星）建筑面积：$83000m^2$，使用"提高能效、模糊控制"节能系统后，年节电量达 60 万度，降低运行费用 50 万元。
3. "节能系统"2003 年通过建设部科技成果评估。2004 年获科技部"科技型中小企业技术创新基金"无偿资助。2005 年获国家知识产权局授予的两项专利。

FIRST 珠海福士得节能科技有限公司

地址：珠海市明珠南路1090号1-2层　邮编：519070　电话：0756-8623999
传真：0756-8620999　网址：www.first.net.cn　E-mail：first@pub.zhuhai.gd.cn

企业名录及联系方式

压缩式冷水机组	热泵	吸收式冷水机组	恒温恒湿机组	锅炉及其附件	蓄冷系统	蓄热系统	热(电)冷联产系统	公司名称	地址	电话	传真	备注
●	●	●						LS乐星空调系统（山东）有限公司上海办事处	上海市延安西路726号华敏翰尊国际大厦12楼E/L座	021-52372299	021-52378893	
		●						艾默生网络能源有限公司	上海市浦东新区福山路500号27层	021-68756587	021-68756908	
●	●							百年有限公司上海办事处	上海市徐汇区龙华路585号华富大厦13楼B1座	021-64699301	021-64699304	
●								北京奥太华制冷设备有限公司	北京市大兴区庞各庄工业开发区	010-89283281	010-89282838	
							●	北京恩耐特分布能源技术有限公司	北京西直门大街南小街22号燃气大楼328室	010-66203851 010-66205542	010-66203851	
				●				北京菲斯曼供热技术有限公司上海办事处	上海市成都北路333号招商局广场南楼1907室	021-52980307	021-52980305	
●	●							北京高联制冷空调设备有限公司上海分公司	上海市金山区山阳镇金山大道1436号104室B座	021-67241293		
	●						●	北京恒有源科技发展股份有限公司	北京市海淀区杏石口路102号	010-62593655	010-62593653	
					●			北京佳灵佳电气技术有限公司	北京市海淀区蓝靛厂南路25号牛顿办公区811	010-88400712	010-88400976	
				●				北京金象特高换热设备有限公司	北京市通州区土桥	010-69575810	010-84036630	
						●		北京佩尔优科技有限公司	北京市海淀区北三环西路厂洼街丹龙大厦A座	010-51669901	010-51669901	
				●		●		北京市华威锅炉有限责任公司	朝阳区广渠东路小郊亭	010-67785324	010-67792158	
●								北京雪福来制冷设备有限公司	北京市海淀区北四环中路229号海泰大厦1110室	010-82883061	010-82883806	
				●				北京益世捷能科技有限公司	北京市海淀区海淀南路丹棱街16号海兴大厦C座512室	010-82605748	010-82605681	
					●			北京中电多利制冷工程有限公司	北京宣武区越秀饭店南四楼402室	010-63187302 010-63021649	010-63187301	
					●			诚开股份有限公司	上海市斜土路2601号嘉汇广场T2－30D	021-64264963	021-64262351	
●	●		●					大金空调(上海)有限公司	上海市莘庄工业区申富路318号	021-54421118	021-54424910	
●	●		●					大连三洋制冷有限公司	上海肇嘉浜路777号青松城大酒店708室	021-64438839 021-64431287	021-64430776	
				●				大震锅炉工业（昆山）有限公司	江苏省昆山市玉山开发区鹿城路123号	0512-57535570	0512-57535571	
●								丹佛斯（上海）自动控制有限公司	上海市宜山路900号科技大厦C楼20层	021-61513000	021-61513100	
					●			德国欧科能源系统设备公司	上海市徐汇区南丹东路223弄莱诗邸7号楼2202室	021-54060972	021-54060970	
	●							帝思迈环境设备(上海)有限公司	上海市大连路海上海950号3-303室	021-55960005	021-55960009	
●	●							东莞东成空调设备有限公司上海办事处	上海市中山西路1279弄6号国峰科技大厦836室	021-51528677	021-64400885	
●	●		●					顿汉布什（烟台）有限公司上海营销总部	上海延安东路55号工商联大厦3106室	021-63366831	021-63373031	
				●				法国德地氏热力技术公司北京代表处	北京朝阳区光华路12A号科伦大厦A座512室	010-65814017	010-65814019	

企业名录及联系方式

压缩式冷水机组	热泵	吸收式冷水机组	恒温恒湿机组	锅炉及其附件	蓄冷系统	蓄热系统	热(电)冷联产系统	公司名称	地址	电话	传真	备注
	●	●					●	法国西亚特（CIAT）公司上海代表处	上海市铜仁路258号九安广场金座8D	021-62892288	021-62475516	
●	●	●						高雅空调制冷有限公司	浦东张扬路628弄3号06-A室	021-58362038		
	●							广东美的商用空调设备有限公司	上海市南京西路580号南证大厦4106室	021-62186758	021-62186759	
				●				广州贝龙环保热力设备股份有限公司上海办	上海市闸北区恒丰路600号上海市机电贸易大厦1026、1028室	021-63171240 021-63176779		
●	●							海尔集团公司	青岛海尔路1号海尔工业园区	4006999999	053221-88938459	
				●				韩国大林儒雅锅炉中国总代理（北京市水国科贸有限公司）	北京市朝阳区慧忠北里314-801(亚运村天创世缘D2座801室)	010-64801330	010-64801638	
●	●	●	●					韩国庆元世纪株式会社上海代表处	上海市徐汇区零陵路585号爱邦大厦4C室	021-64786444 021-64810668	021-64193723 021-64811763	
				●				杭州富尔顿热能设备有限公司	杭州经济技术开发区18号大街9号	0571-86725890	0571-86725896	
					●	●		杭州华电华源环境工程有限公司	浙江省杭州市学院路102号(310012)	0571-88800391	0571-88050895	
				●				皇家空调设备工程有限公司	上海市漕河泾高科技发展园区钦江路88号东楼3楼	021-54266385 021-54266386	021-54266380	
●	●							际高制冷空调设备有限公司	北京市英特公寓B座20A	010-64476570	010-64476570-613	
●	●	●						江森自控-约克国际（无锡）有限公司上海办事处	上海市西康路1390号	021-62766509	021-62773986	
●		●		●				江苏双良空调设备股份有限公司上海分公司	上海市漕溪北路88号圣爱广场2208房	021-54259692	021-54890330	
							●	捷成洋行（上海）有限公司	上海市延安东路588号东海商业中心11楼B室	021-23064900	021-23064899	
●	●	●						开利空调销售服务（上海）有限公司	上海市九江路333号金融广场3楼	021-23063000	021-23063001	
●	●							克莱门特捷联制冷(上海)有限公司	上海市漕溪北路88号圣爱广场1503室	021-64275900	021-64272022	
●	●		●					霖冷冻机械（上海）有限公司	上海市松江高科技园区九亭涞寅路608号	021-67696169	021-67696705	
●	●							麦克维尔空调（上海）有限公司	上海市闸北区共和新路1868号1号楼9楼	021-33870088	021-33870218	
					●			美国BAC公司（上海代表处）	上海市南京西路580号南证大厦B座723~725室	021-62182403	021-62180171	
●	●							美意(上海)空调设备有限公司	上海市延安西路777号裕丰国际大厦8楼	021-51097778	021-62253611	
				●				默洛尼卫生洁具（中国）有限公司	上海浦东陆家嘴路66号招商大厦2407室	021-58871690	021-58850309	
●								青岛澳柯玛成套制冷设备有限公司	青岛经济技术开发区前湾港路315号	0532-86765226	0532-86765588	
				●				青岛佳原环境设备有限公司上海事务所	上海市武定路595号2401室	021-62552592 021-62562310	021-62153106	
●	●		●		●			清华同方人工环境有限公司上海办事处	上海市浦东新区东方路1881弄68号802室	021-58891589	021-58814766	
●	●							日立空调系统（上海）有限公司	上海茂名南路205号瑞金大厦10楼1007室	021-54665252	021-64739580	

企业名录及联系方式

压缩式冷水机组	热泵	吸收式冷水机组	恒温恒湿机组	锅炉及其附件	蓄冷系统	蓄热系统	热(电)冷联产系统	公司名称	地址	电话	传真	备注
●	●	●						日立空调系统（上海）有限公司	上海市茂名南路205号瑞金大厦19楼1907室	021-54665252	021-54662558	
				●				瑞美公司上海代表处	上海中山东一路12号343室	021-63298269	021-63298131	
				●				赛蒙娜中国总代理（上海泰青贸易有限公司）	上海虹桥路2328路西郊家园4号12D座	021-62421221	021-62420811	
●	●	●						三菱重工大型冷机（华东）管理中心（上海万亿制冷空调工程有限公司）	上海市宁国路454号	021-65723030	021-65436637	
●	●		●					上海阿尔西空调系统服务有限公司	上海市宁夏路627号1~4楼	021-62454463-220	021-62457117	
	●							上海埃拓环境科技有限公司	上海市闵行区水清南路78号银海大厦1003室	021-64137042	021-34121061	
	●							上海百富勤空调(集团)有限公司	上海奉贤县江海镇五星工业区639号	021-57189180	021-57189019	
			●					上海宾美机电设备有限公司	上海宁夏路201号14楼	021-52712688	021-52712388	
●	●							上海薄松制冷设备有限公司	上海市逸仙路167号1号楼2004室	021-65449248	021-65605565	
●								上海大菱电机有限公司	上海市长宁区吴中路1780号	021-62953030	021-64056730	
●								上海帝亚制冷设备工程有限公司	上海市新闸路420号	021-63274811	021-63274815	
●								上海第一冷冻机厂	上海市长阳路553号	021-65460433	021-65411647	
●	●							上海鼎达能源新技术有限公司	上海市黄浦区延安东路700号2508室	021-63593909	021-63593909	
●	●							上海富田空调冷冻设备有限公司	上海市闵行区光中路488号	021-64893536	021-64893504	
				●				上海工业锅炉有限公司（上海工业锅炉厂）	上海市鲁班路789号	021-63012060	021-63012082	
	●							上海光威国际有限公司	上海市零陵路631号爱乐大厦15楼D座	021-54242003	021-54242003	
				●				上海广兴隆锅炉工程有限公司	上海市阜新路1号国中公寓23FA座C、D座	021-65010437	021-65022615	
				●				上海豪士锅炉制造有限公司	上海市闵行区莘庄工业区华银路六磊路186号	021-64890944	021-64890944	
				●				上海皓欧热能设备有限公司	上海市漕溪路251号望族城五号楼18D座	021-64827968	021-54481723	
					●			上海合众益美高制冷设备有限公司	上海市宝山工业园区罗宁路1159号	021-66877786	021-66877008	
				●				上海赫斯特华中锅炉有限公司	上海市真北路958号	021-62651500	021-62654498	
●	●	●						上海汇众冷暖设备有限公司	上海市汶水东路181弄三九大厦二号楼2205室	021-65170141	021-65362045	
				●				上海考克兰锅炉设备有限公司	上海延安东路588号东海商业中心7楼A室	021-63512544	021-63606825	
●								上海冷博实业有限公司	上海市普陀区泸定路645号	021-52707670	021-52707670	
●	●							上海冷气机厂	上海市共和新路1301号	021-56625030	021-56701391	

企业名录及联系方式

压缩式冷水机组	热泵	吸收式冷水机组	恒温恒湿机组	锅炉及其附件	蓄冷系统	蓄热系统	热(电)冷联产系统	公司名称	地址	电话	传真	备注
				●				上海力普热能工程有限公司	上海嘉定区华亭工业区华高路388号	021-59950110	021-59950110	
	●							上海鹿鼎索兰环境技术有限公司	上海市嘉川路245号	021-64772877	021-54283619	
●			●					上海美意中央空调设备有限公司	上海市延安西路777号裕丰国际大厦8楼	021-51097778	021-62253611	
	●							上海挪宝电器有限公司	上海市古羊路485-487号	021-51753000	021-51753033	
							●	上海齐耀动力技术有限公司	上海市张江高科技园区牛顿路400号	021-50804949	021-50803841	
	●		●					上海赛克蓝箱空调工程有限公司	上海市徐家汇路528号天天花园天苑楼18B室	021-64155851 021-64152661	021-64669435	
				●				上海三浦锅炉有限公司	上海市浦东新区耀华支路90号	021-58861613	021-58863485	
				●				上海三荣冷热设备有限公司	上海市光新路200弄2号1F	021-62142999 021-62142555	021-62143222	
				●				上海三威热能设备有限公司	斜土路2897弄50号海文永生商务楼301室	021-64698284		
				●				上海市万业锅炉机电有限公司	上海市安远路501弄5号1902室	021-62771298	021-32271169	
●								上海双鹿数码变频中央空调有限公司	上海虹口区四平路311号恒城花苑甲座2001室	021-65759616	021-65227979	
●								上海水源中央空调有限公司	上海市徐汇区石龙路411弄28号	021-54111734	021-54111732	
				●				上海四方锅炉(集团)有限公司	上海市共和新路2901号	021-56650399	021-56639193	
●	●							上海索伊空调制造有限公司	上海松江五库工业园西库一路31号	021-57878060 021-57858077	021-57874588	
●	●							上海台佳实业有限公司	上海市漕宝路400号明申商务广场22楼	021-51168688	021-68861172	
				●				上海特艺压力容器有限公司	上海市中江路611号	021-52808620	021-52808753	
		●						上海田熊冷热设备有限公司	上海浦东新区金桥出口加工区金沪路1099号	021-50315500	021-50313311	
	●		●					上海同菱制冷设备工程部	上海闸北区闻喜路408号	021-56912756	021-56813595	
●				●				上海西亚特制冷空调设备销售有限公司	上海市徐汇区漕宝路86号光大会展中心F座1105室	021-64326852	021-64326853	
●								上海希普冷冻机有限公司	上海市曹安路3652号	021-59137246	021-59137246	
●			●					上海新豪申空调设备有限公司	上海市沪南公路4880弄88号4座	021-58142345	021-58145877	
●								上海新晃制冷机械有限公司	上海闵行区东闸路886号	021-54880982	021-54881360	
				●				上海新业锅炉高科技有限公司	上海崇明工业园西门路689号	021-69625570	021-69625156	
●								上海逸腾制冷设备有限公司	上海嘉定区徐行镇泾一路1号	021-51099811	021-51620208	
				●				上海芝友机电工程有限公司 (德国威能公司代理商)	上海市西康路1297号	021-62994185	021-62986666	

企业名录及联系方式

压缩式冷水机组	热泵	吸收式冷水机组	恒温恒湿机组	锅炉及其附件	蓄冷系统	蓄热系统	热(电)冷联产系统	公司名称	地址	电话	传真	备注
				●				实力国际发展(香港)有限公司(美国精工代理商)	上海市建国西路91号瑞金花园3号楼19楼F座	021-54560058	021-64457251	
●	●							特灵空调系统有限公司上海分公司	上海市黄浦区西藏中路268号来福士广场10~11F	021-53599566	021-63403696	
●								烟台冰轮集团有限公司上海办事处	上海中山北路1080号705室	021-56559425	021-56559425	
●	●			●				烟台顿汉布什工业有限公司上海办事处	上海市延安东路55号工商联大厦1509室	021-63366831 021-63373045	021-63366197	
●	●	●						烟台荏原空调设备有限公司上海办事处	上海市黄浦区北京东路668号科技京城西栋24C2	021-53086916	021-53086936	
				●				意大利拉荷燃油燃气锅炉制造公司上海办事处	上海市浦东新区张杨路188号汤臣中心C座507室	021-58888025		
		●						远大空调有限公司	长沙市远大城	0731-4086688	0731-4610087	
●	●	●						浙江盾安人工环境设备股份有限公司上海办事处	上海市虹口区曲阳路789号茶恬园大楼417~419室	021-55383625	021-55380217	
●	●							浙江国祥制冷工业股份有限公司上海办事处	上海市伊犁南路111号钱江商务广场14楼	021-54771515	021-54776270	
●	●							中大空调集团有限公司	山东省德州市经济开发区中大工业园	0534-2299111	0534-2299016	
				●				珠海富士豪冷气工程有限公司上海办事处	珠海市明珠南路1090号一、二层	0756-8623999	0756-8620999	

附录 A　建筑节能相关标准

1. 城市热力网设计规范　　　　　　　　　　　　　　CJJ 34—2002
2. 采暖通风与空气调节设计规范　　　　　　　　　　GB 50019—2003
3. 人民防空地下室设计规范　　　　　　　　　　　　GB 50038—2005
4. 锅炉房设计规范　　　　　　　　　　　　　　　　GB 50041—92
5. 高层民用建筑设计防火规范　　　　　　　　　　　GB 50045—95
6. 汽车库、修车库、停车场设计防火规范　　　　　　GB 50067—97
7. 冷库设计规范　　　　　　　　　　　　　　　　　GB 50072—2001
8. 洁净厂房设计规范　　　　　　　　　　　　　　　GB 50073—2001
9. 住宅设计规范　　　　　　　　　　　　　　　　　GB 50096—1999
10. 人民防空工程设计防火规范　　　　　　　　　　　GB 50098—98
11. 电子计算机机房设计规范　　　　　　　　　　　　GB 50174—93
12. 民用建筑热工设计规范　　　　　　　　　　　　　GB 50176—93
13. 工业设备及管道绝热工程质量检验评定标准　　　　GB 50185—93
14. 公共建筑节能设计标准　　　　　　　　　　　　　GB 50189—2005
15. 制冷设备、空气分离设备安装工程施工及验收规范　GB 50274—98
16. 压缩机、风机、泵安装工程施工及验收规范　　　　GB 50275—98
17. 民用建筑设计通则　　　　　　　　　　　　　　　GB 50352—2005
18. 住宅建筑规范　　　　　　　　　　　　　　　　　GB 50386—2005
19. 工业设备及管道绝热工程施工及验收规范　　　　　GBJ 126—89
20. 建筑设计防火规范　　　　　　　　　　　　　　　GBJ 16—87
21. 图书馆建筑设计规范　　　　　　　　　　　　　　GBJ 38—99
22. 中小学校建筑设计规范　　　　　　　　　　　　　GBJ 99—86
23. 汽车库建筑设计规范　　　　　　　　　　　　　　JGJ 100—98
24. 老年人建筑设计规范　　　　　　　　　　　　　　JGJ 122—99
25. 夏热冬冷地区居住建筑节能设计标准　　　　　　　JGJ 134—2001
26. 档案馆建筑设计规范　　　　　　　　　　　　　　JGJ 25—2000
27. 民用建筑节能设计标准（采暖居住建筑部分）　　　JGJ 26—95
28. 体育建筑设计规范　　　　　　　　　　　　　　　JGJ 31—2003
29. 宿舍建筑设计规范　　　　　　　　　　　　　　　JGJ 36—2005
30. 托儿所、幼儿园建筑设计规范　　　　　　　　　　JGJ 39—87
31. 疗养院建筑设计规范　　　　　　　　　　　　　　JGJ 40—87

32. 文化馆建筑设计规范　　　　　　　　　　JGJ 41—87
33. 商店建筑设计规范　　　　　　　　　　　JGJ 48—88
34. 综合医院建筑设计规范　　　　　　　　　JGJ 49—88
35. 剧场建筑设计规范　　　　　　　　　　　JGJ 57—2000
36. 汽车客运站建筑设计规范　　　　　　　　JGJ 60—99
37. 旅馆建筑设计规范　　　　　　　　　　　JGJ 62—90
38. 饮食建筑设计规范　　　　　　　　　　　JGJ 64—89
39. 办公建筑设计规范　　　　　　　　　　　JGJ 67—89
40. 洁净室施工及验收规范　　　　　　　　　JGJ 71—90
41. 夏热冬暖地区居住建筑节能设计标准　　　JGJ 75—2003

附录 B 建设事业"十一五"推广应用和限制禁止技术

（推广应用技术部分）

序号	技术分类				技术名称	主要技术性能及特点	适用范围	生效时间	技术咨询服务单位
	领域	类目	类别						
1	一、建筑节能与新能源开发利用技术领域	建筑节能新技术与新型建筑节能体系	建筑外围护结构保温隔热技术	墙体节能技术	EPS板薄抹灰外墙外保温系统	由EPS板保温层、薄抹面层和饰面涂层构成。EPS板用胶粘剂固定在基层上，薄抹面层中满铺玻纤网。EPS板密度（20±2）kg/m³，粘结剂、抹面胶浆与EPS板拉伸粘结强度≥0.10MPa，玻纤网耐碱断裂强力≥750（N/50mm），耐碱断裂强力保留率≥50%。系统耐候性符合标准规定。执行标准：《外墙外保温工程技术规程》（JGJ144—2004）	各类气候区混凝土和砌体结构外墙	自本公告发布之日起至下期公告发布之日止本技术类	建设部科技发展促进中心建筑节能中心 电话：010-58934107
2					EPS板现浇混凝土外墙外保温系统	EPS板置于外模板内侧，并安装锚栓作为辅助固定件。EPS板与EPS板结合为一体，系统抗裂抹面层中满铺玻纤网，内、外表面均匀涂覆界面剂，外表面以满涂强度为50%。EPS板密度（20±2）kg/m³，内表面开有矩形齿槽，耐碱断裂强度≥0.10MPa，内满铺玻纤网耐碱断裂强力保留率≥750（N/50mm），土墙体拉伸粘结强度≥0.10MPa，并目应为EPS板破坏。系统耐候性符合标准规定。执行标准：《外墙外保温工程技术规程》（JGJ144—2004）	各类气候区现浇混凝土外墙		
3					胶粉EPS颗粒保温浆料外墙外保温系统	由界面层，胶粉EPS颗粒保温浆料保温层，抗裂砂浆薄抹面层和饰面层组成。保温浆料经现场搅拌和后喷涂或抹在基层上。薄抹面层中满铺玻纤网。执行标准：《外墙外保温工程技术规程》（JGJ144—2004）	夏热冬冷地区和夏热冬暖地区现浇混凝土和砌体结构外墙		
4					泡沫玻璃外墙外保温系统	泡沫玻璃外墙外保温系统由泡沫玻璃保温层、粘结剂、抹面砂浆，抗折强度抗裂柔性耐水腻子等组成。泡沫玻璃密度≤180kg/m³，抗压强度≥0.60MPa，耐碱玻璃纤维网格布，抗折强度≥0.60MPa，体积吸水率≤0.5%，导热系数≤0.060W/m·K，粘结剂、抹面胶浆与泡沫玻璃板拉伸粘结强度≥0.20MPa，并目应为泡沫玻璃板破坏，玻纤网耐碱性符合标准规定。耐碱断裂强力保留率≥750（N/50mm），系统耐候性符合标准规定	夏热冬冷及夏热冬暖气候区民用和工业建筑节能工程，也可用于保温系统中作防火隔离带		
5					矿物棉喷涂保温技术	采用专用机械和专有的结合剂，将超细纤维或颗粒状岩棉粘涂在外墙（内）一定厚度的保温层，机械化施工，施工速度快，无化学污染，导热系数λ=0.04~0.043W/m·K，粘结力≥0.1MPa，具有优良保温性能，降噪性能和耐火性能	有防火要求的地下车库内侧保温，以及大空间建筑的屋顶内保温，形成面，用料可达500m²，一个班作业，无脱落，喷涂层整体性好，不脱落		

领域			序号	名称	技术内容	适用范围	备注
1 建筑节能与新能源开发利用技术领域	建筑外围护结构保温隔热技术与新型节能建筑体系		6	墙体自保温体系	以蒸压砂加气混凝土、陶粒增强加气砌块和硅藻土保温砌块（砖）等为墙体材料，辅以节点保温构造措施，即可满足夏热冬冷地区和夏热冬暖地区节能50%的设计标准。材料干体积密度：475～825kg/m³。抗压强度：B05级大于5.0MPa，B06级大于5.0MPa，B07级大于5.0MPa，B08级大于7.5MPa。导热系数：0.12～0.20W/(m·k)，体积吸水率15%～25%，其他技术性能指标符合《蒸压加气混凝土砌块》GB/T11968-2006的标准要求。240mm厚墙体，专用保温砂浆或专用粘结剂砌筑灰缝，不考虑两面抹灰表面热阻，传热系数小于0.85m²·K/W。导热系数修正值1.25	夏热冬冷地区和夏热冬暖地区外墙、内隔墙和分户墙	自本公告发布之日起至下期本类公告发布之日止 建设部科技发展促进中心建筑节能中心 电话：010-58934107
			7	XPS板屋面保温系统	采用XPS板用于屋面保温工程，具有优良的保温效果、施工速度快、造价低、重量轻、绝热性能好λ≤0.028W/(m·k)，吸水率≤1.5%，压缩强度高≥200kPa。材料执行《绝热用挤塑聚苯乙烯泡沫型材料（XPS）》GB/T10801.2-2002，厚度设计执行《民用建筑热工设计规范》(GB50176-93，施工应用执行标准《屋面工程技术规范》(GB50345-2004)	各类气候区的屋面保温工程	
		屋面节能技术	8	种植屋面技术	种植屋面应承受系统荷载，并具有蓄水、保温隔热、隔声及节能效果。种植屋面应设两道防水、上道防水层应采用耐根穿刺防水材料，并与防水保温层应选用抗压强度大、耐吸水率低的材料，不应使用散状保温隔热材料。种植屋面排水层应选用抗压强度及耐久性好的轻质材料。种植屋面防水保温隔热材料应符合国家相关标准的规定	各类气候区建筑屋面绿化，地下建筑顶板绿化，干旱缺水地区除外	
	新型节能建筑技术		9	采用模网技术的现浇剪力墙结构体系	采用模网技术现浇剪力墙后、砌筑短肢墙，保证了结构的整体性，并结合使用保温技术，可满足节能要求，施工简便速度快，应符合相关标准、规范和规程要求	寒冷地区多层住宅	
			10	保温砌模现浇钢筋混凝土网格剪力墙承重体系	在砌筑的保温砌模墙内配筋后，现浇混凝土形成网格剪力墙结构、形成集保温、隔声和防火于一体的新型建筑体系。抗震性能好，使用范围广，可实现工业化生产。保温砌模与墙体形钢筋网片适合工业化生产，具有设计简单、施工方便、减少工序等特点，并可降低工程造价	抗震设防烈度不超过8度的严寒和寒冷地区12层以下住宅建筑	

附录

建筑节能环保技术与产品——设计选用指南

11	建筑外围护结构保温隔热技术与新型节能建筑体系	建筑节能门窗技术	中空玻璃塑料平开窗	采用老化时间≥6000h的S类未增塑聚氯乙烯多腔体窗型配中空玻璃制成。抗风压强度$P≥2.5kPa$，水密性$△P≥250Pa$，传热系数$K≤2.8W/(m^2·K)$，气密性$q≤1.5m^3/(m·h)$，水密性。为保证型材与不同五金件连接强度满足各自功能实现所需的要求，隔声性能$R_w≥30dB$，采用三元乙丙胶条密封。为保证型材与不同五金件连接强度满足各自功能实现所需的要求，应采用增强型钢或内衬局部加强板等加强措施	房屋建筑，其中外平开窗仅适用于多层建筑	中国门窗幕墙协会铝门窗委员会 电话：010-58934971
12			断热铝型材中空玻璃平开窗	用断热铝型材和中空玻璃制成，隔声性能$R_w≥30dB$，抗风压强度$P≥2.5kPa$，气密性$q≤1.5m^3/(m·h)$，水密性$△P≥250Pa$，传热系数$K≤3.0W/(m^2·K)$，并符合当地建筑节能设计标准要求。采用三元乙丙胶条密封。为保证型材与不同五金件连接强度满足各自功能实现所需的要求，应采用增强型钢或内衬局部加强板等加强措施	房屋建筑，其中外平开窗仅适用于多层建筑	中国建筑金属结构协会塑料门窗委员会 电话：010-58933947
13			断热钢型材中空玻璃平开窗	用断热钢型材和中空玻璃制成，隔声性能$R_w≥30dB$，抗风压强度$P≥2.5kPa$，气密性$q≤1.5m^3/(m·h)$，水密性$△P≥250Pa$，传热系数$K≤3.0W/(m^2·K)$，并符合当地建筑节能设计标准要求。采用三元乙丙胶条密封。为保证型材与不同五金件连接强度满足各自功能实现所需的要求，应采用增强型钢或内衬局部加强板等加强措施	房屋建筑，其中外平开窗仅适用于多层建筑	中国建筑金属结构协会钢门窗委员会 电话：010-58933143	自本公告发布之日至下期公告发布之日止本类技术
14			单扇平开多功能钢门	性能指标应符合JG/T3054-1999《单扇平开多功能户门》要求。防火性能≥0.6h，可制作成同时具备两种功能以上的门，为了保证型材与不同五金件连接强度满足各自功能实现所需的措施	非严寒地区民用住宅建筑	中国建筑科学研究院建筑环境与节能研究所 电话：010-64517331
15			彩板型材腔内填充发泡聚氨酯平开窗	在彩板型材腔内填充发泡聚氨酯带来的热损失。采用复合中空玻璃胶条、填充聚氨酯薄膜，可消除腔内空气对流和热辐射带来的热损失。抗风压强度$P≥3.5kPa$，气密性$q≤1.5m^3/(m·h)$，水密性$△P≥250Pa$，传热系数$K≤3.0W/(m^2·K)$	房屋建筑，其中外平开窗仅适用于多层建筑	建设部科技发展促进中心建筑节能中心 电话：010-58934107
16			建筑玻璃太阳隔热膜	玻璃贴膜是指贴于玻璃表面的一种多层的聚酯薄膜，钛和铬等复合层嵌合于聚酯薄层玻璃贴膜断裂延伸（N/25mm）≥400，断裂延伸（N/25mm）≥25，其遮阳系数及可见光透过率≥60%，剥离强度应符合国家及行业居住建筑和公共建筑节能设计标准规定要求	夏热冬冷及夏热冬暖气候区门窗及建筑玻璃幕墙遮阳	

序号	技术领域		技术名称	技术内容	适用范围	推广起止日期	主要完成单位
17	一、建筑节能与新能源开发利用技术领域	建筑外围护结构保温隔热技术与新型节能建筑体系	PET Low-E 膜双中空玻璃	PET Low-E 膜双中空玻璃是一种集成了光谱选择性镀层PET薄膜的玻璃深加工产品。通过使用多层金属和氧化物的双层镀层中空结构，镀有这种镀层的PET薄膜张悬于中空玻璃腔体中，带有低辐射金属镀层的高透过率、低辐射反射段的PET薄膜具有对特定波长的反射辐射性能，同时保持可见光波段的高透过率。镀有这种镀层的双层膜夹悬于中空玻璃腔体中，从而显著降低玻璃的热传导系数。当镀层表面具有透明特性时，该产品可实现保温和遮阳的双重功能。与常规的Low-E中空玻璃相比，减少了热对流和热传导，具有更低的U值，并具有更高的隔声性能。PET Low-E 膜双中空玻璃应符合 GB/T11944《中空玻璃》标准	房屋建筑门窗、玻璃幕墙、斜面采光等部位	自本技术公告发布之日起至下期公告发布之日止	绿建阳光玻璃科技（北京）有限公司 电话：010-58933477
18			隔热中间膜夹层玻璃	隔热中间膜夹层玻璃具有对阳光热辐射红外波长的反射性能，同时保持可见光波段的高透过率，显著降低玻璃的阳光得热，达到优异的透明遮阳效果。隔热中间膜夹层玻璃应符合 GB/T9962《夹层玻璃》标准，且可见光透过≥70%时，阳光得热系数≤0.41	可单独或复合成中空玻璃，用于房屋建筑门窗、玻璃幕墙、斜面采光等部位		中国建筑科学研究院 建筑环境与节能研究院 电话：010-64517331
19			真空玻璃	将两片平板玻璃四周密闭起来，将其间隙抽成真空并密排气孔形成真空玻璃。真空玻璃的两片一般只有一片是低辐射玻璃，两片玻璃之间的间隙为0.1~0.2mm，真空度优于0.1Pa，这样就使通过真空玻璃的气体传热接近于零；复合真空玻璃传热系数值小于0.9；复合真空玻璃计权隔声量 R_w >35dB	各类气候区居住建筑和公共建筑的外门窗、玻璃幕墙等部位		
20			多点锁闭结构的门窗五金件	提高了门窗阿阖的气密性，增加了门窗连接强度，有效提高门窗的保温性能	对门窗的气密、水密性能有较高使用成设计要求地区的房屋建筑的平开及推拉等窗型		中国建筑金属结构协会建筑门窗配套件委员会 电话：010-58933760
21			百叶中空玻璃门（中空玻璃内置百叶）	将百叶中窗帘置于中空玻璃内，使百叶中空玻璃具有遮阳性能，并可提高技术性能，改善室内光环境。百叶中空玻璃主要技术指标符合《中空玻璃》GB/T11944-2002 标准的技术要求，且百叶反复开启2万次无故障	不同型材、不同开启方式的建筑外窗		
22		供热采暖新型高效及空调制冷节能技术	室内跨越式单管串联供暖系统节能技术	散热器前安装二通或三通型恒通阀，实现室温调控，达到房间热舒适要求，避免由于室温过冷或过热引起能源浪费。恒温阀阻力值控制在10kPa以下	供暖地区民用建筑既有建筑节能改造和新建建筑		中国建筑科学研究院 电话：010-64517331
23			室内双管采暖系统节能技术	散热器前安装二通恒温阀，实现室温调控，达到同热舒适要求，避免能源浪费。恒温阀阻力值控制在15kPa左右	供暖地区民用建筑的新建筑节能改造		
24			低温热水地面辐射供暖技术	以温度不高于60℃的热水为热媒，对应的传热方式向室内供暖的供暖方式。在加热管外加热地板，加热地板，通过地面空气平均温度比对流采暖低2~3℃。应考虑室内家具对地面辐射散热有一定影响	民用建筑		建设部科技发展促进中心建筑节能中心 电话：010-58934229
25			变风量空调技术	同一空调系统中，各空调区域内温度控制要求，调节所需风量，满足不同温度区域采用，节省运行费用	民用建筑全空气空调系统		

序号	领域			技术名称	技术特点	适用范围	备注	联系单位
26	建筑节能与新能源开发利用技术领域	供热采暖与空调制冷节能技术	新型高效采暖及空调技术	离心式多级蒸气压缩电制冷技术	通过离心式蒸气压缩方式和经济器优化多级制冷循环，采用密封式电机和非CFC类制冷剂，配置先进准确的自动控制，达到直接驱动及确保近零泄漏非常低，整体性能超过国家标准GB19577《冷水机组能源效率限定值及能效等级》第一等级，臭氧层等方面的综合环境影响非常低，节能效果突出，适用于节能型建筑空调	各气候区采用集中空调水系统的大、中型建筑。按照国标GB50365《空调通风系统运行管理规范》，设置泄漏报警装置及其他相关安全措施		中国制冷学会 010-68475543 中国制冷空调工业协会 010-83560070
27				蓄冷空调技术	将冷量以显热、潜热的形式蓄存在某种介质中，并能够在需要时释放出冷量的空调系统。以电力制冷的空调工程，符合下列条件之一，并技术经济分析合理时，宜设置蓄冷空调系统：①执行峰谷电价，且差价较大的地区；②空调冷负荷较小的场合；③逐时负荷的峰谷悬殊，使用时段电网高峰时段重合，日大部分时间处于不运行的空调工程；④电力容量或电力供应受到限制的空调工程；⑤要求部分时段备用制冷量的空调工程；⑥要求提供低温冷冻水，或要求采用低温送风集中供冷的空调工程；⑦区域集中供冷的空调工程		自公告发布之日起至下期公告发布本技术止	中国建筑科学研究院建筑环境与节能研究院 电话：010-64517331 建设部科技发展促进中心建筑节能中心 电话：010-5893 4229
28				多功能水处理设备技术	该设备集成物理、化学、电化学的方法，采用人为的主动除氧方式，除氧指标可任意调节，直至零，除氧过程连续稳定，不存在表面腐蚀覆盖及板结等问题，在运行期间更无须用水反冲洗。运行处理费用低，可提高热水锅炉及其管网的使用寿命，同时具有防回流功能和防止用户窃水作用	以电制冷的集中空调系统，包括新建或既有改造房屋建筑		中国城镇供热协会 电话：010-85373200
29			供热空调设备节能技术	钢制（板型、管型、钢管装饰型）散热器	结构紧凑，工艺先进，符合建筑节能要求，达到节能要求。主要技术指标必须达到行业标准不规范的统一、承压高、重量轻，进行内防蚀处理	供暖行业180℃以下的热水锅炉及供暖行业各种热水锅炉、住宅小区换热站和其他各种换热设备的热处理系统		
30				铜制（铜）铝复合型散热器	结构合理，工艺先进可靠，主要技术指标达到国家标准，符合建筑节能要求，符合建筑行业标准，达到节能要求。与装饰的统一、承压高、重量轻	以热水为热媒的房屋建筑供暖系统		中国建筑金属结构协会采暖散热器委员会 电话：010-5893 3109 建设部科技发展促进中心建筑节能中心 电话：010-5893 4229
31				铝制柱翼型散热器	结构合理，工艺先进可靠，主要技术指标达到国家标准，符合建筑节能要求，可达到功能与装饰的统一、承压高、重量轻	以热水为热媒的房屋建筑供暖系统		
32				铜管对流散热器	结构合理，工艺先进可靠，主要技术指标达到国家标准，符合建筑节能要求，可达到功能与装饰的统一、承压高、重量轻	以热水为热媒的民间建筑及工业建筑供暖系统		
33				内腔无粘砂灰铸铁散热器	制造工艺水平较高，内腔无粘砂，能够提高采暖系统的循环水水质，与传统灰铸铁散热器的采暖系统相比，满足采暖计量要求，实现产品的轻型化和精品化	以热水为热媒的房屋建筑供暖系统		

序号	领域	类别	技术名称	主要技术内容	适用范围	联系方式
34	建筑节能与新能源开发利用技术领域	供热空调设备节能技术	供热设备调速技术（供热风机水泵变频调速技术）	采用变频调速技术，根据需求负荷变化，改变转动设备的转速，控制、节约能源，降低运行成本的技术。调速范围：10%~100%	鼓风机、引风机、补水泵等的节能应用	中国建筑科学研究院建筑环境与节能研究院 电话：010-64517331 建设部科技发展促进中心建筑节能中心 电话：010-58934229
35			空气-空气能量回收装置	以能量回收体为核心，通过通风换气实现排风能量回收功能的设备。主要技术指标必须达到国家相关标准	房屋建筑空调采暖通风系统	
36			直埋热水管道无补偿敷设技术	直埋选用符合CJ/T114-2000和CJ/T129-2001相关标准的预制保温管，采用无补偿的直埋敷设方式，节约工程投资，减少了施工用地和工程投资，条件满足CJJ/T81-98要求时，直接采用冷安装	介质温度≤130℃，并且安装温度≥10℃的保温管道敷设工程	中国建筑科学研究院建筑环境与节能研究院 电话：010-64517331 建设部科技发展促进中心建筑节能中心 电话：010-58934229
37		输配管网节能技术	水力平衡技术	在热力站和建筑热入口处安装流量调节阀，调节安装水管内的水力工况，节约能源，降低运行成本和改善水流量的优点。具有改善水流量在90%至120%之内	热水供热管网系统	
38			输配系统变频调速技术	采用变频调速技术，根据负荷需求变化，改变转动设备的转速，调节循环水量，达到供需平衡	允许变水量的集中供热水系统及空调冷水系统，包括新建建筑及既有建筑改造	
39		温度控制与计量技术	散热器恒温控制阀	每组散热器的进水支管上安装恒温控制阀，通过温控阀上的组合控制，达到最佳节能效果	新建供暖系统或既有采暖系统改造	自公告发布之日起至下期公告发布之日止
40			集中供热水采暖系统自动控制技术	供热量自动控制：区域供热锅炉房和热力站应设置供热力应设置供热量自动控制装置（气候补偿器），预测锅炉系统热特性识别和工况优化程序，根据当前的室外温度和前几天的运行参数等，自控环节可分为三个部分：在每组采暖散热器的进水支管上设置散热器恒温阀；在集中供热管网的每个楼栋的热力入口处设置（或不同的分区系统上）自力式流量控制阀或自力式压差控制阀，对供热循环水泵配置变频控制器，以调节供回水总管的压差。通过以上的组合控制，达到最佳节能效果	集中供热民用建筑以及既有建筑改造	
41			交流高压电机调速控制系统	采用内反馈调速技术，具有控制功率小，系统安全可靠，操作方便、主要技术指标：调速范围为（0.5~1）ne，装置效率≥98%，功率因数高，电压谐波≤5%；电流谐波为20%~50%；控制方式为本机/远程，调节方式为直接数字控制（DDC）系统，运行状态显示；运行状态可反显，打印功能等	水泵的节能应用	
42			空调（制冷、热）系统节能控制技术	对冷（热）源系统自动转换，工况自动转换，能量计量及中央空调系统全空气综合节能确定。对于较大型工程的全空气空调系统，推荐采用直接数字控制（DDC）系统，源系统进行全面调整，以达到最佳节能效果	新建的较大型公共建筑调制冷（热）系统节能改造	中国建筑科学研究院建筑环境与节能研究院 电话：010-64517331 建设部科技发展促进中心建筑节能中心 电话：010-58934107
43			热计量技术	锅炉房和热力站的一次水总管和二次水总管上，作为该建筑物供暖耗热量的依据；源系统分系统，通风空调系统的冷和（热）源系统进口设置计量总热量的热量表；建筑物内住户设置分户热量分摊装置	居住建筑集中采暖系统，包括新建或既有改造建筑	

序号	领域	技术类别	产品/技术名称	技术说明	适用范围	公告期	联系单位
44	建筑节能与新能源开发利用技术领域	可再生能源与新能源应用技术	太阳能与其他能源组合供生活热水系统	太阳能集热系统由集热器、贮热水箱、管道、控制器等组成。布置方式有紧凑式、分离式。贮热水箱内的水箱、平均得热量、日有得热量、燃油等）组合后，部件的安装位置及连接形式，应与建筑设计统筹考虑，达到美观、安全和施工方便的要求	民用建筑	自本公告发布之日起至下期公告发布之日止	中国建筑科学研究院建筑环境与节能研究院 电话：010-64517331 建设部科技发展促进中心建筑节能中心 电话：010-58934107
45			光伏发电与照明技术	采用全玻光伏组件全部或部分代替常规幕墙玻璃，或采用全玻光伏组件搭建遮阳篷或作为半透光的屋顶天棚。在保证建筑设计利用太阳能发电，所发电力并入蓄电池供夜间楼道照明或小区照明与建筑利用。实现太阳能利用与建筑设计的结合	日照资源相对丰富地区的各种建筑		
46			空气源热泵热水器	具有较高的能效比，所生产的热水的最高温度应超过55℃。在环境温度为25℃时，COP达到4.5；在环境温度为35℃时，COP达到2.8。并设有自适应流量调控装置，保证系统全年运行工况下的高性能	夏热冬冷及夏热冬暖地区的各种需要低温热水的场合，如住宅、宾馆、学校等		
47			土壤源利用技术	以土壤作为热源、冷源，通过高效热泵机组向建筑物供热或供冷。高效热泵机组的能效比一般能达到4.0kW/kW以上，与传统的冷水机组加锅炉的配置相比，全年能耗可节省40%左右，初投资偏高，机房面积较小，节省常规冷却塔可观的耗水量，运行费用低，环境无污染。应对工程场区及其土体地质条件进行勘察和可行性研究	地质条件适宜于埋地地源热泵换热器系统的各类建筑供热空调系统		中国建筑科学研究院建筑环境与节能研究院 电话：010-64517331 建设部科技发展促进中心建筑节能中心 电话：010-58934229
48		地能利用技术	地下水源利用技术	以地下120m之内的浅层地下水等地表水作为热源、冷源。地下水换热系统有直接间接两种方式。高效热泵机组的能效比一般能达到4.0kW/kW以上，与传统的冷水机组加锅炉的配置相比，全年能耗可节省40%左右，初投资相近，机房面积较小，节省常规系统冷却塔可观的耗水量，运行费用低。应具备打井的水文地质条件，并不得对地下水资源造成浪费及污染	地下水源充足，水文地质条件适宜的地区的各类建筑供热空调系统		
49			地表水源利用技术	以河水、湖水、海水、再生水等地表水作为热源或冷源。地表水换热系统分为开式和闭式两种方式。通过高效热泵机组向建筑物供热或供冷。高效热泵机组的能效比一般能达到4.0kW/kW以上，与传统的冷水机组加锅炉的配置相比，全年能耗可节省40%左右，初投资相近，机房面积较小，节省常规系统冷却塔可观的耗水量，运行费用低。应做好水文环境影响评价	沿江、沿海、沿湖、水库、水文地质条件充足，及有条件利用城市再生水的各类建筑空调和供暖系统		
50		城市与建筑照明节能与绿色照明技术	三基色细管荧光灯（T5荧光灯）	T5三基色细管荧光灯灯管直径16mm，使用寿命可达到20000h，10000h的平均流明维持率能达92%，既节约资源又减少环境污染，具有体积小、重量轻、功率低、使用灵活、耐环境性能好等特点。根据灯具的应用情况选择LED的配光有光束、宽光束、椭圆光束，光电效果与其他直管型荧光灯相比非常明显	办公、商业、学校、医院、住宅室内照明		中国建筑科学研究院建筑环境与节能研究院 电话：010-64517331 国家发展与改革委员会能源研究所 电话：010-63908553
51			LED小射灯系列产品	具有体积小、重量轻、功率低、寿命长、耐抗震性能好、光效达到104lm/W、光源适应性强以及施工简便等特点。根据灯具的应用情况选择LED的配光有光束、宽光束、椭圆光束，目前近距离照射、减少对展示物的种类散色，既节能又无光污染，节电效果非常明显，同时便于隐蔽安装，不影响建筑物外观	城市景观，古建筑装饰照明工程，古建筑室内展示照明，以及体育场馆等非常照明等		

	领域		技术名称	技术内容	适用范围	推荐单位
52	一、建筑节能与新能源开发利用技术领域	城市与建筑绿色照明技术	新型节能照明技术	荧光灯用高频电子镇流器	直管型荧光灯和紧凑型荧光灯使用时需要有镇流器提供稳定电流，预热启动。高频电子镇流器功率因数一般大于0.97，峰系数<1.7，总谐波失真<15%，工作温度15~50℃，频率>20kHz，波光灯配合能有效提高光源光效和使用寿命，减少无功功率的浪费，提高照明的舒适性。部分产品还有异常态调光作用	直管荧光灯或者紧凑型荧光灯光源	中国建筑科学研究院建筑环境与节能研究院 电话：010-64517331 国家发展和改革委员会能源研究所 电话：010-63908553
53			照明节能控制技术	智能照明节能控制系统	通过城市照明供电参数（如电压、电流、有功、无功、功率因数）数值的调整，运行稳定的控制和运行管理能控制的等完全合理节能控制，达到节能降耗，延长灯具寿命式，理调整亮度的作用	城市照明新建和改造节电工程	
54	二、地下空间开发利用技术领域	市政公共管廊综合开发利用与地下管线敷设技术	城市干道市政公用管廊综合与地下管线敷设技术	供水、供电、通讯、燃气等市政管线进入统一的地下管廊，组成共同沟，合走廊设有专门的检修口、排风系统、检测系统、通风系统和照明系统等，并有吊装口、增设专门预留栅栏和交通空间。在大量开挖地表情况下，检查、修复、更新和铺设管道、线缆。有利于管线的维护修缮，合理利用城市干道下的地下空间，节约了城市用地	自本公告发布之日起至下期公告发布之日止本类技术 大、中型城市交通干道工程、反正河管道工程、管线敷设工程	中国城镇供水排水协会 电话：010-63377173 中国土木工程学会 电话：010-58934591
55			深层喷射搅拌法施工技术	通过深层搅拌法与高压旋喷法相结合，实现搅拌与旋喷的有机结合，提高水泥土的拌和均匀度和水泥土强度，当桩径为500~600mm时，桩身强度可达3~20MPa。可用于复合地基加固体。如作成实体加固格栅式，具有挡土和档水双重功能	地基处理与基坑支护	
56		地下工程信息化施工技术	基坑工程的信息化施工技术	在深基坑施工过程中，在坑壁侧部位设置应力、应变、斜率和孔隙水压力变形等测试元器件（构），筑物有代表性部位设置应变仪以及周边建（构）筑物通过施工过程中的监测数据进行分析，对设计成果进行预测和修正，调整施工方案，确保基坑周边环境的安全	软土地区、周边环境要求严格的深基坑施工信息化施工技术	中国建筑科学研究院地基所 电话：010-64517471 中国建筑业协会深基础施工分会
57			土钉墙支护技术	土钉墙是采用土钉加固原位土体以维护基坑边坡稳定的边坡支护方法。支护结构由土钉与土体通过微型钢筋网喷射混凝土面板组成。土钉与预应力锚杆结合形成复合土钉墙。支护深度一般不宜大于12m，复合土钉墙作为12m，因地制宜设计，施工应加强质量监控	地下水位以上或经降水后的黏性土、中密度以上砂土的基坑支护	中国土木工程学会 电话：010-58934591 中国建筑业协会建筑安全分会 电话：010-58933693
58			逆作法与半逆作法施工技术	逆作法或半逆作法施工技术	对于施工场地狭窄、工期要求高的大型公共建筑，工期要求地下连续墙作外围支护，在柱位置向下作支承桩柱（支承梁板），以结构梁板作为水平支撑，自上而下逐层支护挖土逆作施工。地上部分可同时由下而上正作施工，缩短工期	工程场地狭窄的闹市区，对支护变形控制严，要求高的大型公共建筑基础和地下室施工	

附录
建筑节能环保技术与产品——设计选用指南

序号	领域	技术分类	技术名称	技术内容	适用范围	发布情况	联系单位
59	二、节地与地下空间开发利用技术领域	地下工程施工技术	强夯法处理大块石高填方地基	用于填料粒径大（最大可达800mm）的高填方地基分层强夯处理。与碾压法相比，可减少填料破碎和分层铺填费用，降低造价，缩短工期，在山区和丘陵地区有广泛的应用前景	大面积、大块石高填方地基，如开山填合、开山填海、西部机场和道路工程	自本类技术公告发布之日起至下期公告发布之日止	中国建筑科学研究院地基基础研究所 电话：010-64517471 中国建筑业协会深基础施工分会 电话：010-88336128 中国土木工程学会 电话：010-58934591 中国建筑业协会建筑安全分会 电话：010-58933693
60			水泥粉煤灰碎石桩复合地基技术	由水泥粉煤灰碎石（CFG桩）、桩间土和褥垫层组成的新型复合地基，承担荷载。采用长螺旋钻成孔、泵灌成桩施工方法。处理后地基承载力提高1～2倍，综合造价为碾压注桩的50%～70%	非饱和及饱和粘性土、砂土等地质条件的建筑物与构筑物的复合地基		
61			孔内深层强夯地基处理技术	通过孔道强夯引入到地基深处，用异型重锤对孔内填料自下而上分层进行高动能、超压强、强挤密的孔内深层强竖向深层压密固结，同时对桩周土进行横向的强力挤密加固。针对不同的土质，采取不同的工艺，使桩体获得串珠状、盘状，有利于桩间土的紧密结合，增大相互之间的摩擦力，并可提高承载力	湿陷性黄土、填土及其他地基处理		
62			新型桩锤强夯（置换法）地基处理技术	采用柱形锤（锤底面积1m²左右），强夯接近相对强夯层，分层夯填建筑垃圾或块石、碎石等，最后用普通夯锤锤夯普通夯夯实，形成密实柱体复合地基。处理深度可达10～15m，承载力增幅50%～150%	厚度不超过15m的软土等软弱地基上的多层以及建（构）筑物地基上层的完整均质竖向强度体的检测		
63			基桩高低应变动测分析系统	高低应变采集分析一体化，具有交直两用，程控放大，自动定位、故障自动诊断、报警功能；采用内装放大传感器；适应恶劣环境，不受电缆长度限制；保证14位A/D转换精度的低噪声水平	桩基（钢桩、预制桩、灌注桩）、复合地基中的粘结强度竖向强度体的完整性和承载力检测		
64		桩基工程	灌注桩桩底桩侧后注浆成套技术	通过桩底桩侧后注浆，使桩底沉渣、桩侧泥皮和桩周一定范围内土体得到加固，由此使单桩承载力40%～120%，粘性土增幅大于细粒土，增强桩基础抗变形能力，可减少沉降30%左右，并节省桩基材耗造价	泥浆护壁钻和干作业钻、挖孔灌注桩		中国建筑科学研究院地基基础研究所 电话：010-64517471 中国建筑业协会深基础施工分会 电话：010-88336128 中国土木工程学会 电话：010-58934591 中国建筑业协会建筑安全分会 电话：010-58933693
65			全夯式扩底灌注桩	对传统的沉管夯扩设备进行改造，由原用柴油锤改为电动落锤，而且可对桩身混凝土实施夯击（混凝土面高于钢筋笼），提高其密实度，桩身呈"糖葫芦"或"玉米棒"形状，并有一定扩径。由此使单桩承载力较传统夯扩桩提高60%以上，而且可确保工艺系数Ψ_c不小于0.8	一般粘性土、砂土、粉土、填土、淤泥或淤泥质土，场地地层中承载力要求不是特别大的灌注桩（桩距一般不小于5d）		
66			预应力混凝土管桩快速机械连接技术	将加工好的机械连接接头预先浇注在混凝土管桩两端头，然后在施工现场用螺纹连接的新型管桩连接技术。接头由螺纹端盘、螺母、连接端盘、连接套组件的机械连接咬合组成，实现预应力混凝土管桩连接。具有接头对中性好、施工速度快、操作方便、质量稳定、无明火作用，不受施工环境及气候的影响、可全天候施工等特点	房屋、公路、铁路等工程的预制桩基础		

105

序号	领域	子类	技术名称	技术内容	适用范围	联系单位
67	二、地下空间开发利用技术领域	地下工程桩基施工技术	挤扩多支盘灌注桩技术	在传统钻孔灌注桩的基础上，使用专用液压挤扩设备，在桩孔中经高能量双向液压挤扩机弓压臂水平挤压人土体而在桩身的不同部位形成支、盘体，有效改善桩身承载性状，具有承载能力高，受荷沉降小等特点	非软土、非湿陷性土、非液化土层中的短桩、中长桩	中国建筑科学研究院地基基础研究所 电话：010-64517471
68			沉管钢筋混凝土夯扩载体短桩技术	利用天然地基浅部较好土层为持力层，用柱锤夯击管内干硬性混凝土，将管端沉至预定持力层（深度5~7m），由套管侧开口填入建筑垃圾等粗骨料、边填边夯，形成夯扩载体，周围土体也得到加密；随后将钢筋笼安放于套管内并灌注混凝土，坡管后形成夯扩载体短桩	深部无软弱下卧层，浅部5~7m土层相对较好，上部荷载不大的多层建筑	中国建筑业协会深基础施工分会 电话：010-88336128 中国土木工程学会 电话：010-58934591
69			矩形顶管及矩形隧道的建造技术	通过大刀盘及仿形刀对正面土体的全断面切削，掘切的矩形断面由不断顶入的矩形管节组成矩形隧道。以土压平衡为工作原理，改变螺旋机的旋转速度及顶管速度来控制排土量，使土压舱内的土压力值稳定并控制在所设定的压力范围内，达到开挖切削断面内的土体稳定	粘土、粉质粘土及粉土等地层中施工应用	中国建筑业协会建筑安全分会 电话：010-58933693
70		城市立体停车库建设技术体系	机械式停车库	由搬运和停放汽车的机械设备及附属设备组成，布置方式、操作性能和自动化程度等要求选定品种。主要有升降横移式、巷道堆垛式、垂直升降式（电梯式）和垂直循环等。应达到国家和行业技术标准要求，符合国家相关设计规范规定	城市用地紧张的繁华地区停车场工程	建设部科学技术委员会 城市车辆专家委员会 电话：010-68340197 中国城市公交协会科技分会 电话：010-58934347
71		其他	箱式变压器供配电技术	箱式变压器的工厂预制化程度高，占地小，易于隐蔽，现场吊装接线即可，运行管理方便，工程投资省。产品性能应达到现行国家或行业有关技术标准的要求	住宅小区	建设部住宅产业化促进中心 电话：010-58934347
72	三、节水与水资源开发利用技术领域	城镇供水管道系统	城镇供水球墨铸铁管道系统	性能符合ISO2531/GB13295相关标准的要求；管件符合ISO2531标准要求，内衬水泥砂浆符合ISO4179标准要求，并采用消失模和树脂砂等工艺生产。具有较强的韧性和抗腐蚀，抗氧化，抗腐蚀等优良性能	城镇供水	城市建设研究院 电话：010-64970765
73			地下金属管线探测技术	采用电磁法探测技术，一般可探测深度（h）大于5m，平面定位误差≤0.05m+0.05h，深度定位误差≤0.05m+0.1h，工作温度-20~+50℃，仪器性能良好稳定	地下金属管线探测	中国建筑设计研究院机电专业设计研究所 电话：010-68368018
74			城市地下管道非开挖施工技术	该技术属于土木建筑科学技术地下工程领域，自动控制技术等领域交叉，与市政工程、工程机械、钻井技术与装备修复、更新和铺设管道、线缆、电、通信、气等地下管道工程中得到应用，在少量开挖地表的情况下，减少地下管线建设工程项目对城市运行、环境的干扰和破坏	大、中型城市干道、次干道、中交通繁忙、商业繁华道路以及过河等管道工程集中以及项目多的管线敷设工程	中国城市规划协会地下管线专业委员会 电话：010-63978071
75			直埋式软密封闸阀	该技术可直接埋在土中，不设阀门井，不坏不漏，并可保证管网安全	市政管网和住宅小区	

附录

建筑节能环保技术与产品——设计选用指南

76	三、节水与水资源开发利用技术领域	城镇供水节水技术	供水管网检漏与修复技术	供水管网漏水探测技术	采用多种漏水噪声放大和相关技术探测供水管网漏点位置。系统由检测设备和漏水分析软件组成,可提供供水管网漏水探测计算、过程控制和结果报告全流程管理,实现高精度设备检测、漏水和栓制状况客观评价,确认漏水位置	供水管网漏水探测 城市建设研究院 电话:010-64970765
77			其他节水管理技术	管网直连式建筑增压供水技术	将建筑增压供水设备直接串接在自来水管网上,通过自动控制技术,实现恒压或所要求的压力供水。该系统采取有效技术措施,可避免市政管道出现负压,同时避免二次供水的污染,保证居民用水的水质	市政供水管网服务压力达标地区的建筑增压供水,同时应取得市政供水主管部门的同意 中国建筑设计研究院 电专业设计研究院 电话:010-68368018 中国城市规划设计研究院 管线专业委员会 电话:010-63978071
78		生活节水技术	建筑节水型水器具与设施	陶瓷片密封水嘴	采用陶瓷阀芯,密封性能好、耐磨性好,使用寿命较长,有利于节水。家或行业标准的要求	各类房屋建筑	自本公告发布之日起至下期公告发布之日止 本类技术 建设部住宅产业化促进中心 电话:010-58934347 中国建筑设计研究院 电专业设计研究院 电话:010-68368018
79				节水型坐便器系统 (≤6L)	在一次冲洗用水量不大于6L的前提下,分两档冲水、冲洗功能的主要性能指标以及管道系统应符合国家或行业标准的要求	住宅建筑	
80				红外线感应节水装置	由红外线探测装置、微电脑数字集成电路、电磁阀、给水配件组成。具有节水、调整冲水时同反水流、防止水倒流、安全卫生、便操特点。产品性能应符合国家或行业标准的要求	公用场所中用水器具节水控制	
81			节水系统	自力式平衡压力恒温混水阀	利用金属膜片调节冷热水压力,使混水温度稳定、可控,并满足用户洗浴的要求,温度精度40℃±2.5℃	公共洗浴场所	
82				模块化同层排水节水系统	是指卫生洁具的排水支管横支管系统集成模块化,集同层排水与废水收集、储存、回用冲厕为一体的,有沿墙侧立式、降低楼板标高或利用楼面高度分散等多种散设方式。具有安装方便利维修不干扰上下层住户的特点。可工厂化生产、现场装配	住宅建筑	
83		水计量技术		IC卡智能水表	由水表、智能芯片、电路电源、液晶显示、脉冲电磁阀等部分组成。智能表集自动计量、状态显示、防止不正当使用(抗强磁干扰4000~6000Hz,拆即表壳)、累计测余水量和运行、故障等状态有水警或提示,可显示充值	各种中小型自来水用户和住宅水表	
84				IC卡复费率水表	实行阶梯水价或计划用水管理城市供水主管水单位对用水户的用水计量管理	除具有IC卡智能水表的技术性能以外,还具有阶梯水价、分段计费和超额累进价计费的功能	

107

序号	领域		技术名称	技术特点	适用范围	备注
85	三、节水与水资源开发利用技术领域	城镇绿化与酒路浇洒节水技术	喷灌技术	喷灌技术是一种机械化喷洒均匀的高效节水灌溉技术。具有节水、适应性强等特点	城市园林绿化	
86			微灌技术	微灌技术包括微喷和滴灌，是一种现代化、精细高效的节水灌溉技术。具有省水、节能、适应性强等特点，灌水同时可兼施肥，灌溉效率能够达到90%以上	城市园林绿化	
87		生活节水技术	无水洗车技术	无水洗车是采用物理清洗和化学清洗相结合的方法，对车辆进行清洗的现代清洗工艺。无水洗车使用的清洗剂主要特点是不用清洗水，没有污水排放，成本较低。皮塑清洗增亮剂、玻璃清洗防雾剂、清洗剂等。其有：车身清洗上光剂、轮胎清洗增黑剂、含香剂，环保，安全可靠	各种汽车清洗	
88			微水洗车技术	微水洗车可使气、水分离，泵压和水压可和谐匹配，清洗车外污垢可单独用水，清洗车内部分可单用气，采用这种方式洗车若在15分钟内，果；清洗车外污垢可单独用水。用水量小于1.5L连续使用	各种汽车清洗	城市建设研究院 电话：010-64970765
89			循环水洗车技术	循环水洗车设备采用全自动控制系统洗车，循环水洗车设备可以节约用水90%。具有运行费用低、净化循环再，全部回用，操作简单，占地面积小等特点	各种汽车清洗	中国建筑设计研究院 电专业设计研究院 电话：010-68368018
90		公厕节水技术	真空冲厕与生活污水源分离技术	真空冲厕技术及粪尿水（污水）单独收集系统。该技术大降低冲厕用水（废水）分开收集，同时将粪尿经简单处理作有生水利用。真空冲厕与其他污染程度较低的杂排水（污水）与其他污染程度较低的杂排水头节水的目标。系统由真空管和真空便器组成。粪尿水通过单独作真空管道收集，可有效利用其有营养物质进行资源化处理后	公用厕所	自本公告发布之日起至下期公告发布之日止本类技术
91		雨水和海威水利用技术	屋面虹吸雨水排水系统	由虹吸式雨水斗、管件、固定件及配套系组成。该系统根据"伯努利"方程原理，利用雨水从屋面流向地面间的高差所具有的势能，形成悬吊管内雨水负压抽吸流动，雨水连续流过悬吊管，并转入立管，跌落形成虹吸作用使雨水以较高的流速排出。具有使用方便和卫生的条件下，实现源水连续流过悬吊管，并转入立管，斗前水位低等特点	建筑屋面雨水排放	
92			屋面雨水集蓄利用系统	分为单体建筑物分散式集蓄系统和建筑群集中式集蓄系统。以屋面雨水汇集区，由雨水汇集区，输水管道，截水装置，储存，净化和配水管网和处理供系统的负荷到合理利用，并可减轻城市排水管网和处理供系统的负荷	建筑屋面雨水收集利用	
93		海水淡化利用及反渗透淡化技术	蒸馏法海水淡化	利用热能将海水转化为优质淡水。分为低温多效、多级闪蒸和压汽蒸馏三种技术。利用电厂和其他工厂的低品位热能，对原料海水质要求低，运行维护简便，能耗低，制水成本低	海水的淡化利用	城市建设研究院 电话：010-64970765
94			反渗透海水淡化技术	利用反渗透膜分离技术将海水淡化为优质淡水。建造周期短，其反渗透膜分离工艺装置占地面积小，引水工程投资低，运行成本低、能耗低，对比远距离引水工程技术具有的生产能力大等特点	海水的淡化利用	

序号	领域	分类	技术/产品名称	技术特点	适用范围	有效期	单位/电话
95	三、节水与水资源开发利用技术领域	建筑中水利用技术	建筑中水回用系统	系统设计应按照国家相关标准、规范，根据选定的排水水质、水量和中水回用水的水质与水量要求，确定处理工艺和规模。处理后的中水必须达到回用水的水质标准要求	建筑物、住宅小区	自公告发布之日起至下期公告发布	城市建设研究院 电话：010-64970765
96		污水再生利用技术	生活污水生态再生处理系统	利用天然或人工生态系统生物处理技术处理污水，净化后的污水可达到《城市污水再生利用 城市杂用水水质》（GB/T18921-2002）、《污水综合排放标准》（GB8978-96）的要求，处理后的中水可以回用于绿化喷灌、清洗、冲厕等，具有出水水质稳定、运营成本低，可与当地生态环境相结合等特点，可有效节约水资源	小区再生水处理		
97		城市污水再生水利用技术	污水再生水的回用利用技术	城镇污水经净化后的排出水，再经多种由不同处理单元技术组合而成的成套处理工艺处理，达到再生利用的相关水质标准后，做不同用途的用水。实现污水资源化，废水资源化，保护环境	城镇杂用水、景观环境用水、补充水源水、工业用水等		
98	四、节材与材料资源合理利用技术领域	绿色建材与新型建筑材料	金属复合保温板	由外表面的彩涂钢（铝）板、板芯绝热材料复合而成（层）保温绝热板材复合而成（层）保温绝热材料复合而成整体装饰一体化板。板复合墙体传热系数 $K \leq 0.272 \mathrm{W/(m^2 \cdot K)}$，其他性能指标符合相关标准要求，采用插接口和揭固形式，表面不吸水、干燥快	住宅和公用建筑（民用建筑）墙体保温	本类技术自公告发布之日起至下期公告发布止	中国建筑科学研究院建筑工程材料及制品研究所 电话：010-64517775 中国建筑材料科学研究院 电话：010-51167247
99			钢丝网架水泥聚苯乙烯夹芯板	以阻燃型聚苯乙烯泡沫板为墙体芯板，双面覆以冷拔钢丝网片，经机械化双向排斜插斜丝焊接而成，并两面喷抹水泥砂浆形成墙体。自重 $<110 \mathrm{kg/m^2}$，热阻 $\geq 0.75 \mathrm{(m^2 \cdot K)/W}$，隔声 $\geq 45 \mathrm{dB}$，耐火极限 $\geq 25 \mathrm{次}$，抗冻融性 ≥ 25 次，耐久性能 100 次不断裂（产品芯板厚 50mm，双面抹灰 $25 \sim 30 \mathrm{mm}$），横向荷载允许值 $\geq 2.45 \mathrm{kN/m^2}$，抗冲击性能 100 次不断裂。具有自重轻，强度高，隔声、抗震、防火、耐候性好，节能效果好等特点	框架结构的填充墙，以及用于乡村建设的低层承重墙（三层以下）、屋面板、阳台护栏等		
100			非石棉纤维增强粉煤灰硅酸钙建筑板材	以水泥粉煤灰为基材，以纤维素纤维、化学合成纤维等各种纤维为增强材，经加水搅拌、抄取制坯、加压密实成坯、干热养护脱膜、干燥、高温蒸养而成。性能符合JC/T671标准要求	建筑内外墙体、现浇墙体面板、复合墙板、地下建筑用板材和通道隔声屏障等		
101			轻质复合墙板应用技术	采用低收缩粉煤灰板材为面板，中间灌入由胶凝材料和保温材料组成的混合物浆料，养护而成。具有轻质、高强、防水、防火、施工及铺设管线简便，速度快等特点	住宅和公共建筑的非承重墙体		
102			复合保温装饰混凝土砌块	采用独特的燕尾复合结构，将保温层通过装饰层有效的连接起来，具有整体风格和装饰多样，强度 $MU10 \sim MU20$，传热系数 $0.45 \sim 0.53 \mathrm{W/(m^2 \cdot K)}$，装饰于一身。吊装方便，可随意切割、开槽、施工及铺设工期短、装饰风格多样、使用寿命长等特点	多层及小高层建筑		

序号	领域	技术分类	技术名称	主要技术内容	适用范围	联系单位/电话
103	四、节材与材料资源合理利用技术领域	绿色建材与新型建材预制化技术	轻质高强建筑材料	由胶凝材料、砂石集料、轻集料、工业废弃物等物料制备的轻质高强砌体，具有重量轻、强度高、外观规整，施工方便等特点，同时具有较好的保温、隔热作用	住宅及公共建筑的承重、非承重墙体	中国建筑科学研究院建筑工程材料及制品研究所 电话：010-64517775
104			混凝土瓦	具有强度高，保色性好，使用寿命长，造价低等特点。产品性能应符合行业标准JC746的要求，设计、施工应符合相关技术标准、规范要求	住宅建筑	中国建筑材料科学研究院 电话：010-51167247
105			油毡瓦	色彩丰富，重量轻，施工简便、安装、更换方便。产品性能应符合行业标准JC/T503的要求，设计、施工应符合相关技术标准、规范要求	住宅建筑	
106			复合塑料瓦	以PVC为结构基材，表层采用丙烯酸类工程高耐候塑料树脂，进行复合共挤制成，人工老化性能试验大于2000h，与普通塑料瓦相比，具有较好的耐候性、保色性，使用寿命长	住宅建筑	自本公告发布之日起至下期公告发布本类技术之日止
107		高强、高性能混凝土技术与轻骨料混凝土技术	高性能混凝土技术	高性能混凝土是使用高效减水剂和活性掺合料，严格控制水胶比和水泥用量，应用先进技术和设备配制的混凝土，具有良好的工作性，适宜的强度及优异的体积稳定性和耐久性，在恶劣环境下使用寿命长等特点	对混凝土耐久性有较高要求的房屋建筑结构以及桥梁、港口、机场、道路等市政基础设施中的钢筋混凝土结构	中国建筑科学研究院建筑工程材料及制品研究所 电话：010-64517775 中国土木工程学会分会 电话：024-62123865 中国建筑材料科学研究院 电话：010-58934591 中国建筑业协会混凝土分会 电话：010-51167247
108			预拌混凝土技术	将混凝土置于自动计量装置的混凝土搅拌站集中拌制混凝土，可提高混凝土质量，确保混凝土质量稳定，减少现场和城市环境污染，节约水泥，属于环保节材的绿色建材	大中城市工业与民用建筑及大型混凝土工程	
109			自密实混凝土技术	采用预拌技术生产的，具有高流动性而不离析、密实成型的混凝土。自密实混凝土大量使用工业废料，可不经振捣或充满模型即可省去振捣工序，由于省去振捣工序，可减少噪声污染，实现文明施工	钢筋密集、薄壁、超高混凝土结构，结构形状复杂、振捣器无法使用的混凝土结构	
110			高性能轻骨料混凝土成套技术	该技术可使轻骨料混凝土拌合物具有高流动性、高保塑性、高均质稳定性(轻骨料不上浮分层)，且使硬化后混凝土具有较高强度、高体积稳定性及高耐久性。有利于减轻建筑物的自重，尤其是高层建筑	有减轻建筑物自重及对混凝土耐久性有较高要求的工业与民用建筑	中国建筑科学研究院建筑工程材料及制品研究所 电话：010-64517775 中国土木工程学会分会 电话：024-62123865 中国建筑材料科学研究院 电话：010-58934591 中国建筑业协会混凝土分会 电话：010-51167247 中国建筑材料工业协会混凝土外加剂协会 电话：010-51167461
111		混凝土节材施工技术	合成纤维在混凝土工程中的应用	可降低混凝土的塑性收缩，使混凝土裂性裂纹减少，显著提高混凝土裂性及耐磨性、抗压强度560~770MPa，杨氏弹性模量大于3500MPa，抗冲击韧性。一般要求合成纤维有聚丙烯纤维、聚丙烯腈纤维、聚酯纤维等，熔点160~170℃	建筑结构工程和抗裂性要求较高的混凝土路面、机场道面、桥面等工程	
112			大掺量粉煤灰大体积泵送混凝土中的应用技术	大掺量粉煤灰在大体积混凝土中应用配制大体积混凝土建筑结构，可使混凝土的保塑性和可泵性得到改善，粉煤灰可取代水泥用量30%~50%，水化热明显降低，混凝土温差裂缝大大减少，确保混凝土工程质量	大体积混凝土建筑结构件和基础	

领域	编号	技术名称	技术内容	适用范围	推荐单位及联系方式
四、节材与材料资源合理利用技术领域	113	混凝土高效外加剂	聚羧酸系和氨基磺酸盐系的新型高效减水剂，具有对水泥分散力强，减水率高，混凝土坍落度损失小，与水泥适应性好等优点。一般减水率≥20%，对于坍落度大于180mm的大流动性混凝土，2h坍落度损失不超过20mm，降低混凝土的单方用水量，混凝土的流动性以及保塑性好，可以满足配制高性能混凝土的需要	高性能混凝土配制	中国建筑科学研究院建筑工程材料及制品研究所 电话：010-64517775 中国建筑业协会混凝土分会 电话：024-62123865 中国土木工程学会 电话：010-58934591
	114	混凝土高效掺合料	混凝土中应用比表面积适当的活性或非活性矿物掺合料，不仅可改善混凝土的细观结构，提高骨料与水泥石之间的界面强度，而且可充填混凝土内部的毛细孔，起到增强和密实的作用，也可改善混凝土施工性能。活性矿物掺合料一般由工业废渣（粉煤灰、矿渣等）磨细加工而成，非活性矿物掺合料一般由石灰石、石英砂等磨细而成	掺入混凝土中作为配制高性能混凝土的必需组分	中国建筑材料科学研究院 电话：010-51167247
	115	预拌砂浆工程应用技术	商品砂浆包括预拌砂浆和干粉砂浆，属干砂浆的专业化集中生产和商品化供应。该技术有利于提高砂浆质量，且砂浆质量稳定，可生产性能要求高的专用砂浆，提高劳动生产率系列化；可节约水泥，减少城市环境污染	一般工业与民用建筑的砌筑、抹灰和地面工程	中国建筑材料工业协会 混凝土外加剂协会 电话：010-51167461
	116	HRB400级钢筋应用技术	采用微合金技术生产的HRB400级钢筋，抗拉强度570MPa，屈服强度400MPa，强度设计值360MPa，伸长率（δ₅）≥14%。强度高，延性好，我国现行《混凝土结构设计规范》中列为主导受力钢筋。产品标准、结构设计和施工规范齐全	钢筋混凝土结构的受力钢筋	中国建筑科学研究院建筑结构研究所 电话：010-64517554 建设部科技发展促进中心 电话：010-58934249
	117	钢筋机械连接材料技术	滚轧直螺纹钢筋接头、镦粗直螺纹钢筋接头、带肋钢筋套筒挤压接头。《钢筋机械连接通用技术规程》JGJ107-2003 I级和II级接头性能标准。钢筋的连接施工方便，对提高钢筋工程的质量、施工速度和效益有重要作用。应根据不同工程结构的应用场合，工艺特点选用不同类别接头	房屋建筑与一般构筑物中直径为16~40mm的HRB335和HRB400级钢筋的连接对接梁、大跨等重要工程结构也可参考应用	
	118	钢筋焊接网应用技术	钢筋焊接网片工厂化生产，尺寸精确，整体性好，易于确保混凝土保护层厚度和钢筋的位置的正确，可显著提高钢筋工程质量。钢筋焊接网片生产效率高、改善扎带助钢筋，设计强度值为360MPa	房屋建筑的混凝土楼盖、墙体，以及桥面、路面、隧洞等钢筋混凝土工程	
	119	内平开下悬窗五金系统检测设备应用技术	功能模块化，实现一机多能。采用不同功能的模块，可实现反复启闭，90°平开控制旋转气缸实现多角度精确定位，电磁技术实现伸缩气缸直线运动确定位，具有实现多任务处理功能的集成触模屏加入式数控系统，有计量准确、可靠性好、操作简便等特点	民用建筑中的内平开下悬窗门广泛采用的内平开下悬窗五金系统的性能测试	中国建筑金属结构协会建筑门窗配套件委员会 电话：010-58933760
	120	三元乙丙橡胶密封条应用技术	充分利用分子主链呈饱和状态，不含化学活性基的碳-碳双键-碳化学药剂断裂；具有耐候性、耐热性优良耐水、水蒸气及臭氧老化	民用建筑中的门窗、幕墙	
	121	塑料管道及复合管道系统（建筑给水（冷水）塑料管道系统）	卫生、节能、环保；安装方便，工效高，耐腐蚀，使用寿命长。品种包括：铝塑复合（PAP）、钢塑复合（PSP）、聚丙烯（PP-R型、PP-B型）管、聚乙烯（PE）管、交联聚乙烯（PE-X）管、塑铝稳态复合（PP-R型、PE-RT型）、纤维增强PP-R复合管、硬聚氯乙烯（PVC-U）管（非铅盐稳定剂生产）、丙烯酸共聚氯乙烯（ACR）管等。产品性能应符合相应国家或行业标准要求，卫生性能应符合GB/T 17219要求，设计施工时立管应做好伸缩固定处理的工程技术规程要求。钢塑复合管应做好金属外露的防腐处理	介质温度不高于40℃的建筑冷水管道	建设部科技发展促进中心 电话：010-58933150

序号	技术领域		名称	主要技术内容	适用范围	备注
	四、节材与材料资源合理利用技术领域	化学建材塑料管道及复合管道系统				
122			建筑给水（热水）塑料管道系统	卫生、节能、环保；安装方便，工效高；耐腐蚀，使用寿命长。品种包括：铝塑复合管(PE-RT型、PE-X型)、无规共聚聚丙烯(PP-R)管、塑铝稳态复合管(PE-RT型)、纤维增强PP-R复合管(PE-RT)、交联聚乙烯(PE-X型)、耐热聚乙烯(PE-RT)管、氯化聚氯乙烯(PVC-C)管等。产品性能应符合相应的国家或行业标准和行业规程要求，并应符合相应工程技术规程要求	介质温度不高于70℃的建筑生活热水管道	自本公告发布之日起至下期公告发布本技术之日止 建设部科技发展促进中心 电话：010-58933150
123			建筑排水塑料管道系统	节能，环保；安装方便，工效高；耐腐蚀，使用寿命长。品种包括：硬聚氯乙烯(PVC-U)管（含实壁管、芯层发泡管、中空壁管、内螺旋管），高密度聚乙烯(HDPE)管、聚丁烯(PB)管。建筑雨落水管及设计施工应符合相应的工程技术规程要求	建筑排水及建筑雨水管道	
124			建筑地面辐射采暖塑料管道系统	安装方便，耐腐蚀，使用寿命长。品种包括：耐热聚乙烯(PE-RT)管、交联聚乙烯(PE-X)管、无规共聚聚丙烯(PP-R)管、以及以上带阻氧层的塑料和铝塑复合管。产品性能应符合相应的国家或行业标准要求，设计施工时暗埋部分不得有机械接头，不宜有热熔或电熔接头，并应符合相应工程技术规程要求，使用过程中长期介质温度不得高于60℃，对有阻氧、隔氧要求的管道系统，应采用带阻氧层的塑料管	建筑地面低温热水辐射采暖	
125			散热器采暖塑料管道系统	耐温，耐腐蚀，安装方便，使用寿命长。品种包括：对接焊铝塑复合管(PE-X型、PE-RT型)、塑铝稳态复合管(PP-R型)管、纤维增强PP-R复合管(PE-R型)管、交联聚乙烯(PE-X)管、无规共聚聚丙烯(PP-R)管等，以及以上带阻氧层的塑料管。产品性能应符合相应的国家或行业规范要求，设计施工时管道系统做好伸缩固定处理，并应符合相应的工程技术规程要求，对有阻氧、隔氧要求的管道系统，应采用带阻氧层的塑料管	散热器采暖管道	
126			建筑电线塑料护套管系统	绝缘性能好，安装方便，耐腐蚀，使用寿命长。产品以聚氯乙烯(PVC-U)管为主。产品性能应符合相应的国家或行业标准要求，相关附配件应配套	建筑电线绝缘保护	
127			城乡供水塑料管道系统	输送流体阻力小，能耗低，耐腐蚀，使用寿命长。品种包括：聚乙烯(PE)管、硬聚氯乙烯(PVC-U)管（非铅盐稳定剂）、玻璃钢夹砂(GRP)管、钢骨架（含钢丝网骨架）聚乙烯复合管、钢塑复合(PSP)管。产品性能应符合相应的国家或行业标准要求，卫生性能应符合GB/T17219要求，设计施工应符合相应的工程技术规范要求，且复合管端头金属外露处必须做好防腐处理	城乡供水	

附录
建筑节能环保技术与产品——设计选用指南

序号	技术领域		名称	技术内容	适用范围	联系方式
128	四、节能与资源合理利用技术领域	化学建材技术体系	塑料管道及复合管道系统	城镇排水塑料管系统：重量轻、耐腐蚀，管环刚度可根据需要设计，接口密封性能好，不渗漏，可有效防止对地下水的污染。品种包括：高密度聚乙烯双壁波纹管，高密度聚乙烯缠绕结构壁管，钢带增强聚乙烯螺旋缠绕管，硬聚乙烯双壁波纹管，硬聚乙烯形肋管，聚氯乙烯（PVC-U）管（实壁），玻璃钢夹砂（GRP）管等。产品性能应符合相应国家标准要求，设计施工应符合相应的工程技术规程要求。塑料排水管道系统应优先采用塑料检查井	城镇污水、废水、雨水管道	建设部科技发展促进中心 电话：010-58933150
129			聚乙烯燃气管道系统	耐化学稳定性能好，耐环境低温性能好。品种包括：高密度聚乙烯（HDPE）管，中密度聚乙烯（MDPE）管，钢骨架（含钢丝网骨架）聚乙烯复合管。原料应选用经过定级的国产或进口聚乙烯燃气管道专用料（混配料），产品性能应符合相应国家或行业标准要求	城镇燃气管道	
130		化学建材技术体系	电力、通讯塑料管保护管系统	重量轻，安装方便，耐腐蚀。品种包括：氯化聚氯乙烯、硬聚氯乙烯双壁波纹管、硬聚氯乙烯芯层发泡管、硬聚氯乙烯（PVC-C）管等。产品性能应符合相应的国家或行业标准要求。设计施工应符合相应的工程技术规程要求。用于高压电缆的护套管采用氯化聚氯乙烯（PVC-C）管	埋地电力、通讯线路保护	中国建筑防水材料工业协会 电话：010-68324403 中国建筑学会建筑材料学术委员会防水技术专业委员会 电话：010-88223765 中国建筑业协会建筑防水分会 电话：010-68312596 中国土木工程学会 电话：010-58934591
131			长纤维聚酯毡、无碱玻纤毡胎基SBS、APP改性沥青防水卷材（II型）	SBS、APP改性沥青防水卷材产品的物理性能应符合GB18242-2000或GB18243-2000中II型的要求。长纤维聚酯胎基卷材，具有拉伸强度高，耐刺扎性好。无碱玻纤毡胎基卷材具有拉伸强度较高，尺寸稳定对基层伸缩变形或开裂的适应性较差，耐腐蚀、耐霉变和耐候性能好等优点	长纤维聚酯胎基SBS或APP改性沥青卷材适用于防水等级为I、II级的屋面和地下工程；无碱玻纤胎基SBS或APP改性沥青卷材适用于结构稳定的一般屋面和地下防水工程；SBS改性沥青冷粘地区的建筑防水工程；APP改性沥青卷材尤适用于夏热冬冷地区的建筑防水工程	自本公告发布之日起至下期公告发布之日止
132			三元乙丙橡胶（硫化型）防水卷材	该卷材是均质硫化橡胶类防水材料，技术性能应符合GB18173.1-2000中JL1型产品的要求。其主要特点是：综合性能优越，耐老化性能好，接缝技术要求高，层伸缩或开裂的适应性强，延伸率大、使用寿命长	耐久性、耐腐蚀性和适变形要求高，防水等级为I、II级的屋面和地下防水工程	
133		化学建材技术	聚氯乙烯防水卷材（II型）	该卷材包括无复合层（N类）、用纤维单面复合（L类）和织物内增强（W类）的热塑性防水材料。技术性能应符合GB12952-2003中II型产品的要求；其主要特点是：拉伸强度高，延伸率大，抗穿孔性好，可焊接施工，使用寿命较长	建筑屋面、地下工程的防水，也适用于种植屋面作防水层	
134			自粘类改性沥青防水卷材	该卷材包括：自粘橡胶沥青防水卷材和自粘聚酯胎基沥青聚酯胎防水卷材。自粘橡胶沥青防水卷材应符合JC898-2002的要求，具有较好的黏弹性，自粘聚酯胎基改性沥青防水卷材应符合JC840-1999的要求。适应基层变形的能力较强，施工方便、安全、环保等特点	建筑屋面、地下室、隧道、人防等防水工程	

113

序号	领域		技术名称	主要内容	适用范围	依托单位及联系方式
135	四、节材与材料资源合理利用技术领域	新型建筑防水材料技术	高密度聚乙烯自粘胶膜防水卷材及预铺反粘技术	物理性能控制指标：卷材抗冲击力>990N；最大拉伸强度>13MPa；延伸率>450%；与混凝土粘接强度>2.0N/mm。采用卷材内预铺反粘施工方法，实现与结构迎水面的满粘，使卷材的自粘胶膜与现浇的混凝土结构之间的窜水现象，可有效防止卷材胶膜与现浇的混凝土结构之间的窜水现象。造层次，施工方便，提高功效，安全环保	建筑地下室、地铁、洞库、隧道、市政建设等防水工程	中国建筑防水材料工业协会 电话：010-68324403 中国建筑学会建筑防水技术专业委员会 电话：010-88223765 中国建筑业协会建筑防水分会 电话：010-68312596 中国土木工程学会 电话：010-58934591
136			防水卷材机械固定技术	采用机械固定螺栓终结构防潮隔气层、保温层及单层焊接或其他密封处理的一种屋面防水施工技术。材料可选用聚酯胎或玻纤胎改性沥青防水卷材、纤维增强聚乙烯防水卷材等。具有施工简便快捷，减少屋面构造层次，防水保温一体化施工等特点	基层为钢结构、木制结构、混凝土结构的建筑屋面防水保温工程	
137			膨润土防水毯应用技术	具有优异的防渗性能，耐久性好、自愈性、易修补性强、易修补性强，耐久性好，自愈性，易修补性，响等特点	市政、水利、环保和建筑工程的地下防水	
138			现喷硬泡聚氨酯屋面保温防水一体化技术	物理性能应符合《硬泡聚氨酯保温防水工程技术规范》Ⅱ、Ⅲ型产品的要求。集保温隔热防水等多种功能于一体的材料，具有显著的节能、节材效果	新、旧建筑屋面等防水保温工程	自公告发布之日起至下期公告发布之日本技术类止
139			聚氨酯防水涂料	聚氨酯防水涂料的物理性能应符合GB/T19250-2003的指标和环保要求。可在形状复杂、基层上形成连续、弹性、无缝、整体的涂膜防水层。具有拉伸强度较高、延伸率大和耐高、低温性能好，对基层伸缩或开裂变形的适应性强等特点。单组份应选用Ⅱ类选择Ⅰ类或Ⅱ类，双组份应选用Ⅱ类	地下室和厕浴间等非暴露型屋面防水工程，也可用于非暴露型屋面防水工程	中国建筑防水材料工业协会 电话：010-68324403 中国建筑学会建筑防水技术专业委员会 电话：010-88223765 中国建筑业协会建筑防水分会 电话：010-68312596 中国土木工程学会 电话：010-58934591
140			聚合物水泥防水涂料	聚合物水泥防水涂料物理性能应符合JC/T894-2001技术性能要求。执行"聚合物乳液建筑防水涂料"（JC/T864-2000）标准。以纯丙烯酸乳液为基料，加入其他各种添加剂而制得的单组分水乳型防水涂料，且防水性能好、操作方便，施工速度高，易于维修等特点。彩色防水涂料兼具装饰、防水功能	建筑非暴露型屋面、厕浴间及外墙面防水复杂部位和防漏工程	
141		化学建材技术	纯丙烯防水涂料	纯丙烯防水涂料。丙烯酸固化后形成的端丙烯酸酯以聚醚和玻纤链剂等在现场混合涂覆而成。拉伸强度≥1.5MPa（试块坏）由高反应活性的端氨基聚醚和玻纤链剂等在现场混合涂覆而成。延伸率≥80N/mm，低温(-35℃)无裂纹，100%固含量，不含有机挥发物，符合环保要求；化学稳定性能好，耐候性好，耐冷热冲击、耐腐蚀性好；在金属、混凝土等类底材上具有优良的附着力	屋面、地下、外墙防水、渗漏治理、裂纹修补及防腐蚀工程	
142			喷涂聚脲防水涂料	喷涂型聚脲防水材料固化快，对温度、湿度不敏感，100%固含量，不含有机挥发物，符合环保要求	屋面、墙面、室内非长期较水环境下的建筑防水及防漏工程	
143		新型建筑涂料及配套材料技术	合成树脂乳液内墙涂料	丙烯酸共聚乳液（纯丙、苯丙、醋丙、叔醋等）系列，产品性能应符合GB/T9756-2001的要求，施工应符合JGJ/T29-2003规程	房屋建筑内装饰装修工程	中国建筑科学研究院建筑工程材料及制品研究所 电话：010-64517775 中国建筑材料科学研究总院 电话：010-51167265 上海建筑科学研究院（集团）有限公司 电话：021-64308089-229
144			弹性建筑涂料	具有弥盖因基层伸缩（运动）产生细小裂纹的功能，产品性能符合JC/T172-2005标准要求	房屋建筑内外墙及公共建筑外墙的装饰装修工程	
145			水性外墙涂料	丙烯酸共聚乳液（纯丙、苯丙、叔醋等）系列、有机硅丙烯酸乳液系列、水性氟碳乳液系列的聚氨酯乳液系列，无机系列等外墙涂料（薄质、复层、砂壁状等），产品性能应符合相应的国家标准和行业标准，施工应符合JGJ/T29-2003规程	房屋建筑外墙面装饰装修工程	

附录
建筑节能环保技术与产品——设计选用指南

序号	技术领域		技术/产品名称	技术/产品特点	适用范围	技术来源单位及联系方式
146	四、节材与材料资源合理利用技术领域	新型建筑涂料及配套材料技术	溶剂型外墙涂料	溶剂型丙烯酸、丙烯酸聚氨酯、有机硅改性丙烯酸树脂和氟碳树脂外墙涂料，产品性能符合GB/T9757-2001优等品要求，施工符合JGJ/T29-2003规程	房屋建筑的外墙面装饰装修工程及市政工程	中国建筑科学研究院建筑工程材料及制品研究所 电话：010-64517775
147			水性木器漆	安全、环保，产品性能及有害物质限量符合HG/T3828-2006标准要求	房屋建筑的室内地板、家具及装饰装修工程	中国建筑材料科学研究总院 电话：010-51167265
148			建筑室内用耐水腻子	耐水性好，粘结强度高，产品性能符合JG/T3049标准的要求，有害物质限量符合GB18582标准要求	房屋建筑的室内装饰装修工程	上海建筑科学研究院（集团）有限公司 电话：021-64390809-229
149			建筑外墙用柔性腻子	柔性好，粘接强度高，产品性能符合JG/T157-2004标准的要求	房屋建筑的室内装饰装修工程	
150			合成树脂幕墙装饰系统	具有节能环保、安全性能好、综合单价低等特点。系统组成符合《合成树脂幕墙装饰系统》行业标准要求，施工符合《合成树脂幕墙装饰工程施工及验收规范》CECS 157:2004要求	房屋建筑外墙面装饰装修工程	中国建筑设计研究院 电话：010-68345239 建设部复合改性合成树脂功能新材料产业化示范基地 电话：0755-83360661
151			外墙外保温用乳液型环保硅丙装饰系统	节能环保、安全性能好、综合单价低、耐候性能好。系统组成符合《外墙外保温用乳液型环保硅丙装饰系统》行业标准要求	民用建筑新建或翻新（改造）装饰装修工程	
152		建筑用新型建筑粘接剂技术	环保型粘结剂	水性、环保，产品性能及有害物质限量符合JC/T438-2006中无醛型要求	房屋建筑的室内装饰装修工程	自公告发布之日起至下期公告发布本类技术之日止 中国建筑防水材料工业协会 电话：010-68324403
153			单组分聚氨酯泡沫填充剂	物理性能应符合JC936-2004的要求。集粘结固定、防裂、防水、粘结力强、绝热隔音于一体，具有施工效率高、填充密封的特点	建筑门窗框及空调设备的安装、固定和密封，建筑物各种管道孔洞的填充、密封和绝缘等	中国建筑学会建筑材料学术委员会建筑防水分会 电话：010-88223765 中国土木工程学会 电话：010-68312596 中国建筑防水材料工业协会 电话：010-58934591
154			建筑用硅酮结构密封胶	产品性能应符合GB16776-2004的要求。具有耐紫外线、耐臭氧、耐候性能好和使用寿命长等特点	玻璃幕墙、金属板幕墙的结构性粘接装配和隐框、半隐框及点支承玻璃幕墙用中空玻璃的第二道结构性粘接密封	中国建筑金属结构协会 电话：010-68324403 中国建筑防水材料工业协会 电话：010-58934487

序号	技术领域		技术名称	技术内容	适用范围	本技术自公告发布之日起至下一期公告发布之日止	联系单位
155	四、节材与材料资源合理利用技术领域	化学建材新型建筑材料技术	硅酮建筑密封胶	产品性能应符合GB/T14683-2003要求。位移能力为20%以上，具有与玻璃、陶瓷和混凝土等材料的粘结能力强，耐久性好，使用温度范围宽等特点	建筑物变形缝、门窗框和厕浴同等工程部位的嵌缝密封处理		中国建筑防水材料工业协会 电话：010-68324403 中国建筑学会建筑材料学术委员会防水技术专业委员会 电话：010-88223765 中国建筑业协会建筑防水分会 电话：010-68312596 中国建筑材料研究院建筑工程材料及制品研究所 电话：010-64517775
156			聚硫建筑密封胶	产品性能应符合JC483-92的要求。具有水密、气密性能优良，耐油、耐腐蚀性和耐老化性能好等特点	中空玻璃、机场、油库、污水处理池、垃圾填埋场、道桥和门窗构造接缝的粘结密封处理		
157			聚氨酯建筑密封胶	产品性能应符合JC/T482-2003中一中等品和优等品的要求。具有粘结能力强、耐腐蚀性好、在低温条件下仍具有较好的弹性和延伸率等特点	道路、桥梁、运动场、机场地面及地下工程接缝的粘结密封处理		
158			丙烯酸酯建筑密封胶	产品性能应符合JC484-2006要求。主要特点为：综合技术性能较好，属乳型，配合使用建筑工程中没有有机溶剂挥发，符合环保要求，符合相关标准，固化过程中没有有机溶剂挥发和家用装饰装修湿基层施工、固化过程中没有有机溶剂挥发，使用安全可靠	小型混凝土板、石膏板、门窗接缝和家用装修工程		
159	五、新型建筑结构施工技术领域	新型混凝土结构施工技术	现浇框架结构	采用现浇框架，可以实现大开间住宅及较大柱网的一般公共建筑结构体系。配合使用轻质隔墙和保温外墙板技术，达到较好的使用功能，综合效益好	12层以下民用建筑工程		
160			密肋壁板结构住宅体系	由密肋复合墙板与隐形框架装配现浇而成的一种新型结构体系。隐形框架在多层建筑中依据受力计算需要在多层建筑中采用预制楼板或现浇板，在小高层建筑中采用现浇	多层或小高层住宅结构		
161			键槽节点预制预应力混凝土整体式框架结构体系	采用现浇或预制钢筋混凝土柱，预制预应力钢筋混凝土叠合梁、板等作为基本结构构件，通过键槽节点、现场浇筑后用混凝土后浇，形成整体装配框架结构体系。由于采用现场湿作业，减少施工现场湿作业，施工方便快捷，减轻噪声污染，利于环保	住宅和普通公共建筑结构		中国建筑科学研究院建筑结构研究所 电话：010-64517554 建设部科技发展促进中心 电话：010-58934249
162			聚苯保温模板复合剪力墙板结构体系	运用标准化生产的聚苯乙烯类保温产品作为模板（三维钢丝网聚苯乙烯泡沫板、模网外墙板、墙内保温板等），进行现场装配、墙内部配筋，再整体浇筑混凝土的一种新改进现浇混凝土钢筋混凝土剪力墙结构体系	多层建筑，适用于7度抗震地区，不超过7度抗震地区，采用预制柱时，适用于抗震设防烈度不超过8度地区		
163			轻型钢结构建筑体系（CL建筑体系）	由CL墙板、实体剪力墙等组成，也可以用预制的CL网架"复合墙体"。具有节能、造价低，符合抗震要求。与钢筋混凝土剪力墙结构相比，可降低造价8%~10%，产业化程度较高	抗震设防烈度不超过8度的寒冷地区12层以下住宅建筑		
164		新型砌体结构砌体结构体系与施工技术	配筋混凝土小型空心砌块结构体系	在混凝土空心砌块孔洞内配筋并灌注混凝土芯柱，构成配筋混凝土剪力墙结构体系。应用时须符合相关规程、规范和规程的规定	按不同设防烈度适用于18层以下住宅层以下住宅		

序号	领域	分类	技术名称	技术内容	适用范围	备注	联系方式
165	五、新型建筑结构与施工技术与施工质量安全技术领域	新型钢结构建筑体系	钢-混凝土混合住宅结构体系	由钢框架与混凝土混合结构成核心筒组成混合结构体系。钢柱采用H型柱、方钢管柱或圆钢管混凝土柱，电梯井等构成核心筒组成结构，梁可采用H型钢梁；内隔墙与外墙体采用轻质材料。结构自重轻、性能好、施工速度快。其经济指标与钢筋混凝土结构相当。应用时须符合相关标准、规范和规程的规定	抗震设防烈度不超过8度地区的7～15层住宅		中国建筑科学研究院建筑结构研究所 电话：010-64517554 建设部科技发展促进中心 电话：010-58934249
166			钢框架梁住宅钢结构体系	可分为H型钢柱、钢梁钢框架结构和钢框架加支撑结构两种类型，钢框架结构不超过6层住宅钢框架加支撑结构可用于7～15层	钢框架结构不超过6层住宅，钢框架加支撑结构可用于7～15层		
167			现浇无粘结预应力楼板技术	在楼（屋）面板内配置预应力筋，可实现大跨度，简化施工工艺，提高结构性能。无粘结预应力筋布置灵活，应用时须符合相关标准、规范和规程的规定	大开间住宅、大柱网公共建筑工程		
168			现浇有粘结预应力楼盖技术	在框架梁内配置有粘结预应力筋，可采用轻质材料填筑于混凝土网内以取消次梁。减少混凝土用量，降低结构成本和钢筋用量，具有较好的综合经济效益好	大柱网公共建筑工程		
169		大跨度楼盖体系建筑结构技术	现浇空心或夹芯楼板技术	可采用空心（薄壁筒大芯性模）或夹芯材料填充，无粘结预应力，形成现浇楼板，结构具有大开间，板总厚为160～250mm，应用时须符合相关标准、规范和规程的规定	大开间住宅、大柱网公共建筑工程	自公告发布之日起至下期公告发布之日止	中国建筑科学研究院建筑结构研究所 电话：010-64517554 建设部科技发展促进中心 电话：010-58934249
170			大开间预应力叠合装配式整体现浇楼板技术（预应力叠合板）	采用高强钢丝、钢绞线制作预应力双向受力的叠合式楼板，上部形成装配式楼板现浇叠合层，总节省工程量20%～25%，节约混凝土及模板，裂缝控制性能好等特性	民用建筑中大开间楼板结构		
171			预应力倒T形薄板叠合混凝土楼盖技术	预应力薄板由工厂制造，现场安装后进行双向的无梁楼盖的夹芯结构，并在楼盖上敷设现浇混凝土楼板，形成现浇楼盖，结构具有大变形，自重轻，隔音、抗震性能好，用钢量、施工进度、加快了施工进度、综合成本可降低10～15%	抗震设防烈度不超过8度地区的一般民用及工民用建筑的楼盖		
172		预应力混凝土结构技术	复合预应力混凝土框架异形截面梁叠合板（含暗肋）和夹芯层预制板技术	由上下层薄板（含暗肋）和夹芯层组成的楼盖结构体系。暗梁和暗助中配中超塑化剂成型。大幅度符合结构设计的原理。现场安装时在上下层的板间设置砼拼缝，采用"二次浇注"相对于实心板节省钢筋38%，其容重≤400kg/m³，自重轻；相对于实心板楼盖结构自重减少，扩大使用面积，可增加楼层数，具有良好的隔音、保温功能	多层、高层民用建筑，高层屋面上人屋面、屋顶或屋面隔声、保温有特殊要求的建筑		
173			无收缩高性能灌浆材料应用技术	基于流变学原理和水泥的水化机理，在搅拌后的水泥浆体中掺入超细粉，采用分子结构设计的原理，利用有机和无机材料，大幅度提高其黏度性，通过发气和水固相相体积膨胀的双重膨胀，以补偿由于水泥水化产生适度膨胀性的同时改善其耐久性	后张有粘结预应力混凝土结构		
174			后张预应力钢筋混凝土孔道真空灌浆技术工艺用于后张预应力结构孔道灌浆	利用后张预应力孔道灌浆的载荷或对预应力张拉后孔道的灌浆的密实，经抽气负压和压密灌浆技术的处理，并经复压灌浆，可以提高后张预应力孔道灌浆的质量和耐久性			
175		重大项目施工安装技术	集群千斤顶同步整体提升技术	利用计算机对群千斤顶的载荷进行同步分配与控制，反复地收紧与固定，达到构件或设备提升安装就位的目的	不同结构预应力混凝土结构施工		中国安装协会 电话：010-6804082 中国建筑业协会建筑安全分会 电话：010-58933693、6835148
176			钢结构构件的空间滑移同步整体安装就位技术	将钢结构构件牵引滑移至指定位置，拼装成整个钢结构拼接，完成整体拼装施工，还可缩短工期，并提高空中钢结构屋面组装质量	大型空间钢结构桁架或网架的升与构件、设备安装		

序号	领域	类别	技术名称	内容简介	适用范围	备注
177	五、新型建筑结构施工技术与质量安全技术领域	重大项目施工技术	大型结构构件安装技术——大型设备与构件整体提升安装技术	应用机、电、液一体化原理,合理选用机具设备,合理组织同步,提升(滑移)力均匀,整体整体安装就位,以达到大型构件与设备小型化,施工机具设备大型化,施工过程简单化,计算机控制自动化,提升(滑移)工艺标准化,规范化和推广应用多样化。特别是超大型构件与设备在整体提升过程中受力均匀,整体平稳效益	大型设备和大跨、超重结构的安装	中国建筑业协会建筑安全分会 电话:010-5893693 中国土木工程学会 电话:010-58934591
178		新型模板与脚手架施工技术	整体智能爬模平台技术	整体智能爬模都能按楼层整体提升。提升平台由模板、平台、支撑体、提升机构和控制系统组成。现浇混凝土的内外墙模板都能按楼层整体提升时,通过电脑监控指令信号,同时监控提升时的结构体,由电动或液压系统先进,机械化,智能化程度高,模板整体成型,机位跨度大,布置灵活,可复重使用,通用性好;有助手提离支撑体,加快施工进度,提高工程质量,实现安全文明施工	房屋建筑施工	
179			液压自爬模施工技术	液压自爬模由支模架体、导模及模板和模板架沿导轨自爬升,操作平台、导轨及模板系统组成,依靠液压系统架做成,可垂重自爬,可沿斜面爬升,纠偏同步,整体稳定性好,高空作业可靠;爬升过程中与其他专业不争人机,不占工作面,施工工效率显著。在施工过程中与大量人员,具有明显的经济效益和社会效益	房屋建筑施工	
180			高强覆塑竹胶合板模板	在原有覆塑工艺的基础上,通过对胶黏剂的改性,调整施压工艺,改进热压工艺,从而实现较低温度下的"一次覆塑热进热出"生产工艺。使竹胶合板模板的周转次数达30次以上,并可与钢框配合制成框系数化生产	土木、建筑工程施工模板,更适用于高温、高寒、湿地区建筑施工模板	自公告发布之日起至下期公告发布之日止本类技术
181			平板玻璃钢圆柱模板	根据流体力学原理和平板玻璃钢的抗拉强度高、取消柱箍、且具有一定柔性的特点,在新浇注混凝土侧压力作用下,圆柱模板自动胀圆成型,达到施工简便,圆柱去事模板刚度控制混凝土成型的传统做法。改变形成本,降低成本	工业与民用建筑以及市政桥梁工程中的钢筋混凝土独立圆柱的模板	
182			智能附着式整体升降脚手架	附着式整体升降外脚手架,附着在建工程上,带有升降机构,机械化,电脑智能控制,自动监控,防坠装置多道设置,采用高空危险、拆除等高空危险工作转化地面作业,多道和单跨任意组合,施工任省人工,节约材料,节能,环保。该类技术升降工作除,升降工作应符合JGJ59-99和建建(2000)230号文的规定	房屋建筑施工	
183			附着式升降脚手架(爬架技术)	具有一定型的主框架和定型架体,附着在建工程上,可以自行升降。可用于高层剪力墙结构、框架、框剪、框筒和单跨结构施工等,要求施工整体,多机械使用同步、升降、缩短施工期;可用电动设备。能节省材料,节约人工、机械化节约使用费。该类技术的设计、构造、防倾、防坠、装置安全可靠,升降、同步、防倾、防坠均应符合JGJ59-99和建建(2000)230号文的规定	房屋建筑施工	中国建筑业协会建筑安全分会 电话:010-5893693 中国土木工程学会 电话:010-58934591
184			外脚手架工具式连墙技术	采用与预埋件相连的,既能受压又能受拉的工具式连墙件,使脚手架和主体结构形成可靠的连接,并增强脚手架水平荷载,能可靠地传递脚手架的整体性、稳定性	各种外脚手架	

附录 C 建设事业"十一五"推广应用和限制禁止使用技术

（限制使用技术部分）

序号	领域	技术名称	说　明	限用范围	生效时间	技术咨询服务单位
1	一、建筑节能与新能源开发利用技术领域	外墙保温浆体材料	由于保温浆体材料的导热系数偏大，用于内保温受热桥影响很大，同时大多数保温浆体材料质量不稳定，现场工程质量难以保证；在工程上可接受的保温层厚度范围内，单独使用很难符合民用建筑节能设计标准中对外墙平均传热系数限值的规定	除楼梯间墙、地下室及架空层顶板外不得用于寒冷地区和严寒地区外保温，夏热冬冷地区不宜用于内保温	自发布之日起执行	建设部科技发展促进中心建筑节能中心　电话：010-58934107
2		吸水性强的松散材料保温层和现浇水泥膨胀珍珠岩（蛭石）整体保温层	屋面工程技术规范 GB50345-2004 规定淘汰吸水性强的松散材料保温和现浇水泥膨胀珍珠岩（蛭石）整体保温层	不得用于民用建筑屋面保温工程		
3		无预热功能焊机制作的塑料门窗	依据建设部印发的《关于发布化学建材技术与产品公告》（27号公告）	不得用于严寒、寒冷地区和夏热冬冷地区的房屋建筑	自2001年7月4日起执行	中国建筑金属结构协会塑料门窗委员会　电话：010-58933947、68351128
4		非中空玻璃单框双玻门窗		不得用于城镇居住建筑		中国建筑金属结构协会钢门窗委员会　电话：010-58933143
5		单腔结构型材制作的未增塑聚氯乙烯（PVC-U）塑料窗	任何开启形式的单腔结构型材的 PVC 塑料窗均不能保证排水性能和保温性能	不得用于城镇民用建筑	自本公告发布之日起执行	中国建筑科学研究院建筑环境和节能研究院　电话：010-64517331
6		非断热金属型材制作的单层玻璃窗	在《建设部推广应用和限制禁止使用技术》（建设部第218号公告）基础上，扩大了限用范围	不得用于民用建筑		建设部科技发展促进中心建筑节能中心　电话：010-58934107
7		32系列、35系列空腹钢窗				
8		25系列、35系列空腹钢窗				

序号	领域	名称	依据	限制范围	执行日期	归口单位
9	一、建筑节能与新能源开发利用技术领域	内腔粘砂灰铸铁散热器	在《建设部推广应用和限制禁止使用技术》（建设部第218号公告）基础上，扩大了限用范围	不得用于集中供暖系统	自本公告发布之日起执行	中国建筑金属结构协会采暖散热器委员会 电话：5893109 建设部科技发展促进中心建筑节能中心 电话：010-5894107
10		钢制闭式串片散热器		不得用于民用建筑的供暖系统	自2004年7月1日起执行	
11		螺旋板式换热器	依据《建设部推广应用和限制禁止使用技术》（建设部第218号公告）	不得用于城市供热系统		
12	二、节地与地下空间开发利用技术领域	黏土制品	依据《国务院办公厅关于进一步推进墙体材料革新和推广节能建筑的通知》（国办发[2005]33号）	不得用于各直辖市、沿海地区的大中城市和人均占有耕地面积不足0.053hm²的省的大中城市的新建工程	自本公告发布之日起执行	建设部科技发展促进中心建筑节能中心 电话：010-5894107
13	三、节水与水资源开发利用技术领域	螺旋升降式铸铁水嘴	在《建设部推广应用和限制禁止使用技术》（建设部第218号公告）基础上，扩大了限用范围	不得用于民用建筑	自本公告发布之日起执行	建设部住宅产业化促进中心 电话：010-58934347、58934589 中国建筑设计研究院机电分院 电话：010-6836018
14		坐便器（>9L）				
15		冷镀锌钢管				
16		砂模铸造铸铁排水管				
17		灰口铸铁管材、管件	依据《建设部推广应用和限制禁止使用技术》（建设部第218号公告）	不得用于城镇供水、燃气等市政管道系统。口径>400mm的管材及管件不允许在污水处理厂、排水泵站及市政排水管网中的压力管线中使用	2004年7月1日起执行	建设部科技发展促进中心 电话：010-5894249 城市建设研究院 电话：010-64970765

序号	领域	名称	依据	限制范围	执行日期	单位/电话
18	三 节水与水资源开发利用技术领域	平口、企口混凝土排水管（≤500mm）	依据《建设部推广应用和限制禁止使用技术》（建设部第218号公告）	不得用于城镇市政污水、雨水管道系统	2005年1月1日起执行	建设部科技发展促进中心 电话：010-58934249
19		平流式沉砂池		不得用于规模≥10000m³/d而且环境要求较高的新建城镇污水处理厂	自2005年1月1日起执行	城市建设研究院 电话：010-64970765
20	四 节材与材料资源合理利用技术领域	混凝土现场搅拌	依据《建设部推广应用和限制禁止使用技术》（建设部第218号公告）	不得用于东部地区的大中城市和中西部地区的大城市，由当地行政主管部门颁布具体实施内容	自2005年1月1日起执行	中国建筑科学研究院建筑工程材料及制品研究所 电话：010-64517775
21		尿素型混凝土抗冻外加剂		不得用于民用建筑的冬期混凝土施工	自2004年3月18日起执行	中国建筑材料科学研究总院 电话：010-51167265
22		非滚动轴承式滑轮		不得用于房屋建筑的推拉门窗（纱窗除外）	自2001年7月4日起执行	中国建筑金属结构协会建筑门窗幕墙配件委员会 电话：010-58933760
23		石油沥青纸胎油毡	依据建设部印发的《关于发布化学建材技术与产品公告》（27号公告）	不得用于防水等级为I、II级的建筑屋面及各类地下防水工程	自2001年7月4日起执行	中国建筑防水材料工业协会 电话：010-88363465 中国建筑学会建筑材料学术委员会防水技术专业委员会 电话：010-88223765
24		沥青复合胎柔性防水卷材	在《建设部推广应用和限制禁止使用技术》（建设部第218号公告）基础上，扩大了限用范围	不得用于防水等级为I、II、III级的建筑屋面及各类地下工程防水工程	自本公告发布之日起执行	中国建筑业协会建筑防水分会 电话：010-68312596 中国土木工程学会 电话：010-58934591

序号	材料/技术名称	依据	限制/禁止使用范围	执行时间	发布/咨询单位
25	聚乙烯膜层厚度在0.5mm以下的聚乙烯丙纶等复合防水卷材	依据《建设部推广应用和限制禁止使用技术》（建设部第218号公告）	不得用于房屋建筑的屋面工程和地下防水工程，除上述限制外，凡在屋面工程和地下防水工程设计中选用聚乙烯丙纶等复合防水卷材时，必须采用一次成型工艺生产且聚乙烯膜层厚度在0.5mm以上（含0.5mm）的，并应满足屋面工程和地下防水工程技术规范的要求	自2004年7月1日起执行	中国建筑防水材料工业协会 电话：010-88363465 中国建筑学会建筑材料学术委员会防水技术专业委员会 电话：010-88223765 中国建筑业协会建筑防水分会 电话：010-68312596 中国土木工程学会 电话：010-58934591
26	仿瓷内墙涂料（以聚乙烯醇为基料掺入水、钙粉、大白粉、滑石粉等）	依据建设部印发的《关于发布化学建材技术与产品公告》（27号公告）	不得用于房屋建筑的室内高级装饰装修工程	自2001年7月4日起执行	建设部科技发展促进中心 电话：010-58934249
27	矿物纤维防火喷涂材料和高含量苯类溶剂型钢结构防火涂料		不得用于房屋建筑室内钢结构工程	自2004年7月1日起执行	中国建筑科学研究院建筑材料及制品研究所 电话：010-84286661 上海建筑科学研究院（集团）有限公司 电话：021-64390809-229
28	聚乙烯醇缩甲醛类胶粘剂	依据《建设部推广应用和限制禁止使用技术》（建设部第218号公告）	不得用于医院、老年建筑、幼儿园、学校教室等民用建筑的室内装饰装修工程	自2005年1月1日起执行	
29	低碳冷拔钢丝的应用		不得用于钢筋混凝土结构或构件中的受力钢筋	自2004年7月1日起执行	中国建筑科学研究院建筑工程材料及制品研究所 电话：010-64517775
30	桥面沥青弹塑体填充式伸缩缝		不得用于大、中型市政桥梁	自2004年7月1日起执行	中国城镇供水排水协会 电话：010-63377173
31	桥面连续构造处橡胶片隔离层材料		不得用于市政桥梁	自2004年7月1日起执行	中国土木工程学会 电话：010-58934591

附录 D 建设事业"十一五"推广应用和限制禁止使用技术

(禁止使用技术部分)

序号	领域	技术名称	说　明	禁用范围	生效时间	技术咨询服务单位
1	一、建筑节能与新能源开发利用技术领域	灰铸铁长翼型散热器	依据《建设部推广应用和限制禁止使用技术》(建设部第218号公告)	禁止用于房屋建筑供暖系统	2004年7月1日起执行	中国建筑金属结构协会采暖散热器委员会 电话：010-58933109 建设部科技发展促进中心建筑节能中心 电话：010-58934107
2	二、节材与材料资源合理利用技术领域	手工机具制作的塑料门窗	依据建设部印发的《关于发布化学建材技术与产品公告》(27号公告)	禁止用于房屋建筑	自2001年7月4日起执行	中国建筑金属结构协会塑料门窗委员会 电话：010-58933947、68351128 建设部科技发展促进中心建筑节能中心 电话：010-58934107
3		非硅化密封毛条				中国建筑金属结构协会建筑门窗幕墙配件委员会 电话：010-58933760
4		高填充PVC密封胶条		禁止用于房屋建筑门窗		
5		型材老化时同小于6000h(M类)建筑用未增塑聚氯乙烯类)以上型材，其余地区主要分布在人口稀少的北部边境地区(PVC-U)塑料窗	根据气象统计资料，我国90%以上地区为恶劣气候区，只适用于人工老化6000小时(S	禁止用于房屋建筑外窗	自公告发布之日起执行	中国建筑金属结构协会塑料门窗委员会 电话：010-58933947、68351128 建设部科技发展促进中心建筑节能中心 电话：010-58934107

序号	领域	名称	说明	限制/禁止情况	发布单位	联系方式
6	二、节材与材料资源合理利用技术领域	主型材可视面壁厚小于2.2mm的推拉塑料窗	2004年10月1日起实施的GB/T8814《门、窗用未增塑聚氯乙烯（PVC-U）型材》中，对主型材可视面的壁厚分为三类，A≥2.8mm，B类≥2.5mm，C类不规定。该标准实施后，根据对行业企业所生产的型材的壁厚的了解，有些企业为了降低成本，而且型材的断面也是越来越小，不断地推拉塑料窗刚度甚至在2.0mm以下。推拉塑料窗刚度在外界气候条件变化下的影响很难保证塑料窗框和窗扇焊接角破坏力及窗在长期使用过程中能抵抗外界的气候条件变化，安装过程中与五金附件、墙体的连接质量和以及窗在长期使用下的产品质量和信誉。同时也使推拉窗（PVC-U）塑料窗的加工制作。为保证提高塑料窗的加工制作功能。同时也使推拉窗（PVC-U）塑料窗的JG/T140-2005《未增塑聚氯乙烯（PVC-U）塑料窗》标准中对主型材可视面最小实测壁厚的要求，即推拉窗主型材可视面最小实测壁厚≥2.2mm	禁止用于房屋建筑	中国建筑金属结构协会塑料门窗委员会 电话：010-58933947，68351128 建设部科技发展促进中心建筑节能中心 电话：010-58934107	自公告发布之日起执行
7		主型材可视面壁厚小于2.8mm的平开塑料门	2004年10月1日起实施的GB/T8814《门、窗用未增塑聚氯乙烯（PVC-U）型材》中，对主型材可视面的壁厚分为三类，A≥2.8mm，B类≥2.5mm，C类不规定。该标准实施后，根据对行业企业所生产的型材的壁厚的了解，有些企业为了降低成本，型材的断面也越来越小，很难保证塑料窗刚度和在制作、安装过程中与五金附件、墙体的连接质量，门框与门扇焊接质量等，严重影响了塑料门窗的产品质量和信誉。为保证提高塑料门的加工制作功能，同时也使平开门框和门扇焊接角破坏力的计算值达到JG/T180《未增塑聚氯乙烯（PVC-U）塑料门》标准中平开门主型材可视面最小实测壁厚≥2.8mm			
8		主型材可视面壁厚小于2.5mm的平开塑料门窗	2004年10月1日起实施的GB/T8814《门、窗用未增塑聚氯乙烯（PVC-U）型材》中，对主型材可视面的壁厚分为三类，A≥2.8mm，B类≥2.5mm，C类不规定。该标准实施后，根据我们对型材企业所生产的型材的壁厚的了解，有些企业为了降低成本，型材的断面也越来越薄，很难保证塑料门窗中所能抵抗外界气候条件变化下的影响和长期使用功能。安装过程中与五金附件、墙体的连接质量和以及窗在长期使用过程中能抵抗外界的气候条件变化等，严重影响了塑料门窗的产品质量和信誉。为保证提高塑料门窗的加工制作功能，同时也使平开门窗（PVC-U）塑料窗》标准中规定主型材可视面最小实测壁厚≥2.5mm			
9		主型材可视面壁厚小于2.5mm的推拉塑料门	2004年10月1日起实施的GB/T8814《门、窗用未增塑聚氯乙烯（PVC-U）型材》中，对主型材可视面的壁厚分为三类，A≥2.8mm，B类≥2.5mm，C类不规定。根据对行业企业所生产的型材的壁厚的了解，有些企业为了降低成本，型材的断面也是越来越小，也很难保证塑料门的刚度和在制作、安装过程中与五金附件、墙体的连接质量，门框与门扇焊接质量等，严重影响了塑料门的产品质量和信誉。为保证提高塑料门的加工制作功能，安装质量和保证建筑用塑料门在外界气候条件变化下的影响和长期使用功能，同时也使推拉门（PVC-U）塑料门》标准中规定主型材拉力主型材可视面最小实测壁厚应≥2.5mm			

序号	名称		依据	执行时间	说明	联系单位
10		S型聚氯乙烯防水卷材	依据建设部印发的《关于发布化学建材技术与产品公告》(27号公告)	自2001年7月4日起执行		中国建筑防水材料工业协会 电话：010-68324403 中国建筑学会建筑材料学术专业委员会防水技术分会 电话：010-88223765 中国建筑业协会建筑防水分会 电话：010-68312596 中国土木工程学会 电话：010-58934591
11		焦油型聚氨酯防水涂料			禁止用于房屋建筑的防水工程	
12		水性聚氯乙烯焦油防水涂料				
13	二节材与材料资源合理利用技术领域	采用二次加热复合成型工艺或再生原料生产的聚乙烯丙纶复合防水卷材	依据《建设部推广应用和限制禁止使用技术》(建设部第218号公告)	2004年7月1日起执行		中国建筑防水材料工业协会 电话：010-68324403 中国建筑学会建筑材料学术专业委员会防水技术分会 电话：010-88223765 中国建筑业协会建筑防水分会 电话：010-68312596 中国土木工程学会 电话：010-58934591
14		焦油型聚氯乙烯建筑防水接缝材料				
15		聚乙烯醇水玻璃内墙涂料（106内墙涂料）	依据建设部印发的《关于发布化学建材技术与产品公告》(27号公告)	自2001年7月4日起执行	禁止用于房屋建筑的室内装修工程	中国建筑科学研究院建筑工程材料及制品研究所 电话：010-64517775 中国建筑材料科学研究总院 电话：010-51167265 上海建筑科学研究院（集团）有限公司 电话：021-64390809-229
16		聚乙烯醇缩甲醛类内墙涂料（107、803内墙涂料）				
17		多彩内墙涂料（树脂以硝化纤维素为主，溶剂以二甲苯为主的O/W型涂料）				
18		聚乙烯醇缩甲醛类外墙涂料			禁止用于房屋建筑的外墙面装饰装修工程	中国建筑科学研究院建筑工程材料及制品研究所 电话：010-64517775 中国建筑材料科学研究总院 电话：010-51167265 上海建筑科学研究院（集团）有限公司 电话：021-64390809-229
19		聚醋酸乙烯乳液类（含EVA乳液）外墙涂料				
20		氯乙烯-偏氯乙烯共聚乳液类外墙涂料				

序号	领域	名称	主要问题	适用范围	执行时间	发布单位
21	三、新型建筑结构施工技术与施工质量安全技术领域	简易临时吊架	用钢筋焊成梯型架体，挂在外墙上，在梯形架体的横梁上铺设脚手板后，作为砌筑和装修脚手架使用。在施工现场临时搭设，制作粗糙，缺少安全措施，已造成多起群死群伤事故		自本公告发布之日起执行	中国建筑业协会建筑安全分会 电话：010-58933693、68325148
22		自制简易吊篮	包括用扣件和钢管搭设的吊篮、不经设计计算就制作出的吊篮、保险装置缺的吊篮	禁止用于房屋建筑施工		
23		大模板悬挂脚手架（包括同类型脚手架）	在大模板就位后，再在其上安装"挂脚手架"作为操作平台，在安装过程中，施工人员必须站在起重机吊起的架怀上作业，由于结构缺陷、架体横向稳定性差、抗风荷载能力差，容易造成架体倾翻，极易发生坠落事故。在设计、制造和使用方面存在严重安全隐患，危险性大			
24		石板闸刀开关	产品安全性能差			
25		HK1、HK2、HK2P、HK8型闸刀开关	产品安全性能差			
26		瓷插式熔断器	产品安全性能差			
27		QT60/80塔机（70及80年代生产产品）	20世纪70～80年代生产的动臂式塔式起重机			
28		井架简易塔式起重机	塔身结构由杆件用螺栓连接，受力不明确，非标准节形式，起重臂无风标效应。安全性能差，安全装置不齐全，稳定性差	建筑施工现场	自本公告发布之日起执行	中国建筑业协会建筑安全分会 电话：010-58933693、68325148
29		QTG20、QTG25、QTG30等型号的塔式起重机	自行安装的固定式塔式起重机，由于顶升套架及机构，无高处安装作业平台，安装拆卸工况差，安全无保证			
30		自制简易的或用摩擦式卷扬机驱动的钢丝绳式物料提升机	卷扬机制动装置由手工控制，无法进行上、下限位和速度的自动控制。无安全装置或安全装置无效，安全隐患大，技术落后，不符合现行的标准要求			
31	四、其他	非标准厚壁取土器	依据《建设部推广应用和限制禁止使用技术》（建设部第218号公告）、指不符合《岩土工程勘察规范》（GB50021-2001）规定标准的厚壁取土器	禁止用于岩土工程勘察	自2004年3月18日起执行	建设综合勘察研究设计院 电话：010-64013366-506